本书受国家社会科学基金一般项目"移动设备知识传播的情景感知服务机制及运行实证研究"（课题编号：16BTQ084）资助

情境感知视域下
移动设备
知识传播服务研究

Qingjing Ganzhi Shiyuxia
Yidong Shebei
Zhishi Chuanbo Fuwu Yanjiu

李浩君 ／ 著

中国财经出版传媒集团
经济科学出版社
Economic Science Press

图书在版编目（CIP）数据

情境感知视域下移动设备知识传播服务研究／李浩
君著．—北京：经济科学出版社，2021.5
ISBN 978 - 7 - 5218 - 2352 - 3

Ⅰ.①情…　Ⅱ.①李…　Ⅲ.①移动通信 - 通信设备 -
知识传播 - 研究　Ⅳ.①TN929.5 ②G2

中国版本图书馆 CIP 数据核字（2021）第 020619 号

责任编辑：周胜婷
责任校对：杨　海
责任印制：王世伟

情境感知视域下移动设备知识传播服务研究

李浩君　著

经济科学出版社出版、发行　新华书店经销
社址：北京市海淀区阜成路甲 28 号　邮编：100142
总编部电话：010 - 88191217　发行部电话：010 - 88191522
网址：www. esp. com. cn
电子邮箱：esp@ esp. com. cn
天猫网店：经济科学出版社旗舰店
网址：http://jjkxcbs. tmall. com
北京季蜂印刷有限公司印装
710 × 1000　16 开　15 印张　240000 字
2021 年 6 月第 1 版　2021 年 6 月第 1 次印刷
ISBN 978 - 7 - 5218 - 2352 - 3　定价：78.00 元
（图书出现印装问题，本社负责调换。电话：010 - 88191510）
（版权所有　侵权必究　打击盗版　举报热线：010 - 88191661
QQ：2242791300　营销中心电话：010 - 88191537
电子邮箱：dbts@ esp. com. cn）

随着互联网应用快速发展以及移动终端设备性能不断提升，移动互联网知识服务领域日益拓展，已成为用户传播、分享和获取知识的重要渠道，也将人们从"以计算设备为中心"的知识传播模式带入"以人为本"的移动设备知识传播模式，促进了知识传播服务便利化、高效化、智能化与科学化发展。但互联网时代信息快速涌现所造成的知识膨胀化、碎片化、冗余化等问题加速了用户对于垂直化、精准化以及个性化知识的需求，导致移动设备知识传播服务增长的同时服务满意度不断下降的矛盾。如何优化和创新移动互联网知识传播服务模式，探索情境感知视域下的移动知识服务体系，研究工作具有很强的时代应用性和需求迫切性。

本书聚焦移动设备知识传播服务研究主题，从信息管理、情报学、人工智能等多学科交叉视角阐述情境感知视域下移动互联网知识服务体系，以情境感知技术与知识传播服务融合应用研究为核心、以移动设备知识传播情境感知服务需求为目标，系统阐述情境感知视域下移动设备知识传播服务情境影响因素以及服务机制。

第 1 章介绍本书研究工作内容总体概况，在分析国内外相关研究工作现状基础上，阐述情境感知技术与知识服务应用融合是发展的必然趋势，情境感知视域下移动设备知识服务将提升服务智能化程度，为用户提供个性化多元知识服务。

第 2 章聚焦移动设备知识服务研究问题，分析移动知识服务效果影响因素，构建移动设备知识传播的情境感知服务模型，揭示移动设备支持下情境感知服务的内涵与外延。

第 3 章围绕移动知识服务情境影响因素研究问题，阐述情境因素多维特征以及对知识传播服务影响作用过程，分析移动知识服务情境影响因素形式化表征，构建移动设备知识传播服务情境影响因素模型。

第 4 章构建活动理论视角下移动设备知识推荐服务体系，设计移动设备知识服务情境本体模型，揭示移动设备知识推荐服务机理。

第 5 章从知识生态视角研究移动设备知识分享影响机制，构建移动设备知识分享服务影响因素模型，设计移动设备知识分享服务框架，通过知乎社区案例分析阐述移动知识分享服务过程中情境影响因素及其作用机理，并以职业学校教师移动设备知识分享为例开展实证研究，优化知识分享服务影响因素模型。

第 6 章从主动服务视角研究知识传播情境感知服务机理，将 ECA 规则应用于知识传播服务领域，建立面向知识服务领域的 ECA 模型，构建面向情境感知的主动知识服务模型。

第 7 章从系统论视角研究移动互联网环境下知识服务机制，设计情境感知视域下的知识服务框架结构，构建面向知识服务的三维关联本体模型，阐述多源异构数据语义融合工作机理与智能计算应用策略，利用语义网技术推理出面向知识服务的高阶情境，进一步完善情境感知视域下知识服务机制研究的理论体系。

本书大部分内容取自笔者自身以及指导的研究生的科研成果，其中包括冉金婷硕士、张芳硕士、周碧云硕士等所做的相关研究工作。哈尔滨工业大学（深圳）陆文杰博士参与了第 7 章内容整理工作，浙江工业大学教育科学与技术学院高鹏、卢佳琪、梁艳艳、岳磊、武千山、袁叶叶、吴嘉铭等研究生参与了全书资料整理工作，感谢大家的辛勤劳动和付出。

最后，感谢浙江工业大学社会科学研究院为本书出版提供的资助，感谢浙江工业大学计算机科学与技术学院王丽萍教授为本书出版所做的指导工作，感谢经济科学出版社对本书出版给予的支持和帮助，感谢出版社编辑对书稿修改、出版所做的辛勤劳动。本书相关研究得到国家社会科学基金一般项目（16BTQ084）的资助；本书还引用了大量的学术文献资料，在此一并表示感谢。

受作者学识水平所限，书中可能存在不妥之处，恳请同行专家和读者批评指正！

李浩君

2020 年 12 月

目 录 Contents

第1章 绪 论

随着互联网服务性能提升以及应用普及，移动设备传递的信息量不断增多，移动设备知识传播的服务需求急剧上升。知识传播是指通过特定的传播媒介，在特定社会环境中向其他成员传播特定知识信息的社会活动。近年来，知识传播的应用模式、应用领域以及服务理念等方面取得了一些成果，但知识传播服务满意度不断下降。情境感知视域下移动设备知识传播服务研究不仅能够消除知识服务解决方案情境无关性缺陷，而且能够促进基于情境感知的知识传播服务的应用推广。

1.1 研究背景

1.1.1 移动设备性能提升促进知识传播服务便利化

随着互联网技术的快速发展以及移动设备计算处理能力的不断提升，平板电脑、智能手机、手持阅读器等移动设备使用已渗入社会生活的各个方面，给人们生活、学习、工作等方面带来了极大的便利性。智能移动设备应用打破知识服务时间与空间限制，可以让使用者充分利用碎片化时间参与知识服务活动。知识服务是服务提供者为了满足使用者的不同需求，运用专业化知识，借助服务活动参与工具，最终帮助使用者获取知识和服务，解决问题和制订求解策略（马国振，2012）。近年来，云计算、虚拟现实、物联网、大数据以及人工智能等技术的不断进步，使得移动设备服务功能日益丰富、性能不断提升，并对知识服务传播方式转变、传播途径拓展、传播内容革新等方面起到重要推动作用；同时，知识服务内在发展需求也迫使移动设备技术性能不断升级，以满足复杂、多变的移动互联网时代知识服务新需求。

移动设备广泛应用促进了知识传播服务高效化发展。首先，移动设备的使用促进知识传播服务高效化。信息技术的更新迭代，推动知识传播方式变革。传统的知识传播是以纸质媒介为主，随着互联网的发展，以计算机为传播媒介的知识传播方式变得十分普及，移动互联网时代以智能手机、平板电脑等智能移动设备为主要传播媒介的知识传播方式已成为主流趋势。基于智能移动设备的知识传播服务不仅可以突破时间、空间、设备的限制，而且使知识传播速度更快、传播范围更广、产生的影响也更大。传播方式高效化使得知识共享途径更多、效率更高。移动设备具有使用移动性、操作便携性以及内容碎片化等特点，人们可以通过移动终端获取知识服务和分享资源，实现知识共享与创新。柯里等（Currie et al.，2003）认为信息技术设备的使用会有效促进知识共享、转移的发生。其次，移动设备的使用助力传播途径便捷化。知识传播是指知识多渠道传播服务，借助信息通信技术，为用户提供多样化的知识获取渠道与知识传播活动（李香茹，2015）。随着智能移动设备性能提升，各类学习服务软件 App、免费资源平台以及电子书的产生与应用使得知识传播渠道更加丰富。在线教育作为当今社会知识传播服务的主要教育方式，移动互联网在教学领域的应用改变了传统教与学的形式，让知识获取的渠道更加多样化，提高了知识传播服务的灵活性。人们可以通过在线教学平台、互动交流平台以及众包等形式获取知识传播服务（张晓东，2013）。新技术的发展催生了传统移动设备向智能移动设备转型和升级，进而直接改变了知识传播的路径，从"单向传播"变为"双向传播"，拓宽了知识传播服务的渠道，为知识服务发展提供了更快捷的传播途径。最后，移动设备的应用加快传播内容多元化。智能移动设备的应用和普及促使知识内容呈现形式的多样化，传统的知识内容主要是以图书等纸质媒介为载体，而现在基于智能移动设备的学习资源呈现形式更加丰富，视频、微课程、新媒体以及工具类 App 等形式已成为常见的知识呈现形式。另外，网络信息服务朝着全区域、全领域覆盖的方向发展，社会服务与互联网应用深度融合，促使知识内容更加多元化，人们获取的知识不再是单一的，而是整合各种资源形成的信息综合体。由于知识服务具有个性化、专业化、一体化、定制化、交互性等特征，使得知识服务过程表现为个性化服务、定制化服务以及参考咨询等模式（李香茹，2015）。新时代知识服务需求的多样化必然要求知识服务内容的多元化，要充分发挥智能移动终端设备易用性、实时性、互动性、情境性以及个性化等服务优势，提高知识服务与个体需求的匹配度，为用户提供个性化、情境化的信息内容，从而满足不同使用者的知识服务需求。

移动互联网发展给知识服务应用创造了很好的传播条件；而新技术的产生和发展，推动了移动终端设备转型升级，促使知识传播途径更加便捷、传播内容更加丰富、传播方式更加高效。移动设备应用在促进知识服务便利化的同时，推动了知识传播服务模式的变革，也能更好地满足人民群众日益增长的知识服务需求。

1.1.2 网络服务功能增强推动知识传播服务高效化

1969 年 11 月阿帕网的正式启用标志着人类社会进入网络服务时代，互联网技术的发展以及网络终端设备应用的普及极大地推动了以"开放、分享、自由"为理念的网络服务发展。移动互联时代信息量更加丰富、传递方式也更加多元，信息互动交流是对已有信息汇聚、筛选以及应用的活动过程，互联网中任何节点既是信息产生地，也是互联网信息中转点。知识作为互联网应用领域重要的信息资源，涉及知识的发现、传播、分享、创新以及应用等环节（张艺，2001）。知识传播服务需要依赖特定的媒介，移动互联网时代知识服务通过网络社区和新型知识传播平台等网络媒介实现大范围传播。互联网时代知识传播服务用户不仅仅是知识的消费者，也是知识的生产者（王忠义等，2018）。

互联网服务功能的持续增强推动知识传播深刻变革，也使得互联网媒介下知识传播效率得到进一步提升。首先，互联网高效计算服务能力使得知识服务数量以幂倍的速度急剧增加，知识传播速度提升的同时，也提高了知识传播与知识流动的效率。其次，互联网应用多元化诞生了大批新型知识服务平台，如社交媒体、移动软件应用以及在线教育等平台，发挥此类网络服务平台大规模用户资源优势，使得知识传播规模化效应得到提升。再其次，互联网服务开放与共享特征满足了互联网时代用户知识获取习惯，加快了知识流动；互联网知识服务中的传播、反馈、评价、记录也大大提升了知识传播的效率。最后，发挥语义网、专家系统、智能协作工具等人工智能技术在互联网中的作用，以"全球脑"的方式将全世界各处知识资源汇聚在网络上，通过互联网服务实现知识的全球化传播及利用（谢新洲，2015）。网络服务功能增强使得互联网环境下知识服务供需双方寻找自身真正需要的匹配对象和匹配内容，利用先进技术实现知识有效分享与传递，借助知识的自我建构产生新知识，推动知识传播服务高效化。

1.1.3 人工智能技术应用提升知识传播服务智能化

人工智能之父约翰·麦卡锡（Mccarthy John）认为人工智能是制造智能机器的科学活动（Mccarthy，1989）。人工智能技术在不同知识服务场景应用产生不同的助推作用（李宁，2019）。人工智能技术在知识服务领域应用呈现模式多样化，通过对互联网热点词汇、热门事件、用户互动行为等信息深度挖掘与分析，为知识内容推荐与传播提供决策依据，也为新知识探索提供新方法。人工智能视角下知识服务本质是：借助计算机程序模拟人脑思考决策过程来提供知识主动服务解决方案，减轻重复性工作带来的智力负荷和知识服务内容冗余，提升知识服务价值（廖盼等，2017）。

人工智能技术在知识服务领域的深入应用有助于提升知识处理服务效率，推动知识服务表达的智能化、个性化与高效化发展。采用"强关联"思维主导的知识服务模式是知识服务思维智能化的重要体现，"知乎"App是最典型的应用案例，该App将电影、书籍、音乐、健身、美食等资源生成个性标签，再将标签进行强度关联，根据用户搜索历史预测用户可能感兴趣的领域，实现个性化知识有效推送，从而增加用户黏性（唐晓波等，2017）。在传统知识服务"谁（Who）""何地（Where）""何时（When）""哪个（Which）""干什么（What）"等问题基础上实现简单的"怎么样（Why）"和"怎么干（How）"自动问答服务，是人工智能时代知识传播服务智能化发展的重要应用。

1.1.4 服务需求日益增长凸显知识传播服务科学化

移动互联网时代知识传播服务使得用户成为知识服务信息的分享者、传播者与创造者。如何适应知识服务需求的日益增长，同时也为知识传播服务发展提供更好的理论和技术支撑是研究者共同面临的挑战与机遇。

在移动互联网时代知识服务需求增长背景下，传统的知识服务模式和方法越来越显得单一和低效，系统化、立体化、多视角的知识传播服务需求不断凸显，知识传播服务科学化迫在眉睫。首先，知识传播服务内容科学化。知识服务内容始终是检验知识服务水平和质量的重要标准，内容创意是知识服务传播科学化的根基。由于用户性格特征、原有知识水平差异性影响，面对所有用户统一化的传统服务方式太过于笼统，需通过切实了解用户的需求，为需求者量身定做个性化服务，让每一个知识需求者拥有定制化的针对性知识服务。其次，知识传播服务形式科学化。新兴媒体的发展使得知识服务传播环境发生了改变，单一化知识服务转变为多元化服务（郇楠，2019）。知识传播服务不再是知识提供者的单向服务输出，而要更重视与需求者的交互性体验过程。知识传播环境感知服务以及交互活动多样化都使得知识服务传播更加注重用户体验感。最后，知识传播服务体系深度化。知识服务不仅要满足于知识需求者的日常生活，更需要嵌入需求者的学习与工作中。这就要求知识服务供给者有极高的知识服务能力及综合业务素质，将精通专业学科知识、熟练检索技术、擅长网络技术等各类人才组成专业的知识服务队伍。从知识应用、产出、增值、转化、创新等环节全方位深化知识服务内容（刘婷婷等，2019）。移动互联网时代知识服务变化促使知识传播服务形态从传统的知识分析型服务向知识预测型服务转变，以适应知识服务需求的不断增长。

1.2　研究目的与意义

知识服务已从传统的服务内容推荐模式，逐渐变革为服务内容主动供给模式。同时伴随着移动互联网技术发展以及智能终端设备更新升级，用户通过移动设备不仅能够获取知识，还能在使用过程中产生新知识。在此背景下以知识传播服务为目标，对移动设备知识传播服务中所涉及的相关内容开展理论分析与实证研究，有助于解决情境感知视域下知识传播服务所面临的问题，进而解决互联网时代知识快速涌现所造成的知识冗余性与知识有用性之间的矛盾。移动互联网环境下知识传播服务情境感知性研究具有很强的时代应用性和需求迫切性，对新时代主动知识服务发展意义重大。本书所阐述的一系列相关研究内容紧紧围绕情境感知与移动设备知识服务融合研究主题，凸显"以人为本"的知识传播服务理念，呈现出以移动设备知识服务需求为出发点，以情境感知为知识服务实现基础和核心，最终以主动知识服务机制为落脚点，探索情境感知视域下移动设备知识传播服务情境影响因素以及服务机制，顺应新时代知识服务发展需要，推动移动互联网环境下知识服务模式转变，为知识传播服务领域研究深化和内容拓展奠定基础，有助于推动国内知识传播服务研究水平提升。

情境感知服务存在于移动设备情境信息获取阶段，而知识传播服务存在于整个服务阶段，如何使两者有效融合是本书重点关注的理论研究视角。本书以活动理论解析知识传播服务全过程，以情境—活动映射结构分析移动设备知识传播情境关系类别与动态变化，理论研究视角具有针对性和创新性。此外，从移动设备知识传播服务基础、移动设备知识传播服务情境因素、移动设备知识推荐服务、移动设备知识分享服务、面向情境感知的主动知识服务模型构建以及情境感知视域下移动设备知识服务机制等方面系统阐述了移动设备知识传播的服务机制。引入 ECA 规则理论，构建移动设备主动知识服务模型，拓展知识服务研究空间，提高知识服务质量，为领域内知识服务模式创新设计提供新思路。本书研究内容整合了知识传播、语义网技术、机器学习以及人工智能等理论知识，将文献研究、逻辑理论推演、实证分析以及案例分析相融合，拓展和深化本书主题研究内容的深度和效度。

本书研究工作将有助于推动情境感知支持下知识发现、转移、共享以及创新应用，不仅能够克服现有知识服务解决方案中情境应用无关性缺陷，而且能够促进情境感知支持下的知识传播服务系统的应用与推广。同时，人工智能应用快速发展，助推传统信息服务向主动知识服务转变，移动设备知识传播服务内涵和模式急需变革。本书研究工作不仅对移动设备知识传播服务有积极的指导作用，而且可以丰富和优化主动知识服务理论与框架，提升知识传播服务水平，相关内容也能为其他领域知识传播情境感知服务设计提供借鉴与参考，促进知识服务产业发展。

1.3 国内外相关研究

1.3.1 知识服务研究综述

互联网应用使得用户能够更方便、快捷地获取自己所需的信息，信息服务呈现"非中介化"，已从传统信息服务向知识服务转变（张晓林，2000）。目前，关于知识服务研究主要聚焦于知识服务概念、知识服务模式以及知识服务应用等方面。

1. 知识服务概念研究

信息技术助推知识经济发展的同时，社会对知识共享服务发展需求随之增加，知识服务应运而生（李晓鹏等，2010）。国内外学者从不同视角阐述知识服务概念。迈尔斯等（Miles et al.，1998）认为知识服务是指依赖专业领域知识，为社会用户或者组织提供以知识为基础的服务。希普（Hipp，1999）认为知识服务需具备从外部收集信息，并将信息与内部特定知识融合转化成有用信息的能力。库西斯托等（Kuusisto et al.，2004）认为知识服务就是具有某一领域的专业知识或技能的服务公司，提供以知识为基础的产品或服务给用户，并且这些服务能提升用户工作效率。国内关于知识服务的研究多集中在图书情报领域。张晓林（2001）认为知识服务是以搜索、组织、分析、重组信息知识为基础，将用户需求和情境特征融入问题求解过程中，为知识应用和知识创新提供支持服务。黎艳（2003）认为知识服务是为了适应知识经济发展和知识创新需要，直接服务于用户问题求解需要，对服务内容进行智能化处理后为用户提供个性化知识。

传统信息服务只关注信息提供，而不注重信息内容对于用户的适合性和有用性。知识服务要求服务人员深度分析用户需求，融入用户决策过程，而且根据专业领域和用户具体需求来开展资源匹配性工作，实现知识服务方式专业化和内容个性化。知识服务以开放式模式处理各种资源，结合具体服务场景需求，通过知识创新来满足用户的实际需求（靳红等，2004）。

2. 知识服务模式研究

知识服务模式是指组织或机构针对用户的需求，搜集、组织、整合相关知识，为用户提供所需信息的服务过程。李桂华等（2001）提出了4种知识服务模式：结构化参考服务模式、律师模式、顾问公司模式以及专业化咨询团队模式。田红梅（2003）从信息导航、信息咨询、知识集成化服务以及知识专业化服务等方面研究知识服务模式。罗彩冬等（2004）将知识服务模式分为静态模式和动态模式。李家清（2004）将知识服务模式分为：层次化参考服务模式、知识管理服务模式、个性化定制服务模式、专业化知识服务模式以及垂直服务模式等。

层次化参考服务模式是在优化传统参考服务模式基础上，根据服务难易程度、资源需求匹配等方面建立层次细分的咨询体系，以提高知识服务效率（李家清，2004）。知识管理服务模式发挥互联网环境和信息技术服务优势，建立应用场景相匹配的互动交流环境，引入专家系统、决策支持系统等服务，以提升知识检索、传递、利用、创新工作效率（马国振等，2012）。个性化定制服务模式重点关注个性化需求和服务内容。移动互联网时代用户不再满足一般性知识服务，而是需要提供的知识内容能够用以解决问题。团队化信息服务模式聚焦群体专业化服务需求，通常该知识服务模式对知识提供方能力有较高要求，需要依靠多方协作才能完成服务供给。专业化咨询团队模式通过组织专业领域的人力和资源来提供专业化信息服务。李桂华等（2001）将专业化咨询团队模式细分为结构化参考咨询模式、学科信息中心模式、专业信息代理模式、专业化网上信息服务模式等多种信息服务组织形式。

3. 知识服务应用研究

面对新时代知识服务领域"信息超载"与"知识饥渴"问题挑战，知识服务正在向数字化、高效化、智能化以及科学化转变。国内外学者对知识服务应用进行了深入研究。阿伯斯－加里古斯等（Albors-Garrigos et al.，2009）以西班牙东部的橘子包装工程为例，分析和探讨了知识密集型服务活动在成熟和低技术产业集群中的应用。郑文文等（2010）为了解决知识服务缺乏智能化管理、隐性知识难以转化为显性知识以及系统知识挖掘能力不足等问题，融合语义网和网格技术，构建了基于知识网格的知识服务系统。刘豫徽等（2008）针对当前知识管理系统存在的问题，提出了基于Agent的知识服务系统，代理代替用户查找知识，并根据用户模型提供个性化的知识推送服务。陈红叶（2010）为了提高信息检索的查全率和查准率，融合本体和语义网技术构建农业知识服务系统。潘懋（2014）针对地质资料知识领域存在的问题，结合语义网本体技术和语义检索技术，构建了基于本体的地质领域知识服务系统。王珊珊等（2017）针对传统引文信息服务系统存在的语义知识资源缺失、无法提供个性化知识服务的问题，结合本体、知识推荐等技术，构建了基于本体的引文知识服务系统。闫东（2017）针对使用检索词匹配方式的信息服务无法准确反映资源与需求的匹配度问题，提出了结合本体和语义检索技术的知识服务系统，有效弥补了检索效率低等问题。

1.3.2　互联网时代知识传播

2015年，李克强总理在政府工作报告中提出了"互联网＋"行动计划，同年7月，国务院印发《国务院关于积极推进"互联网＋"行动的指导意见》，"互联网＋"与传统行业融合产生了各种创新性的经济模式和服务方式，社会发展进入了互联网时代。依托于互联网技术，借助新兴的人工智能、大数据、物联网等技术，互联网时代知识传播服务实现了全领域覆盖，但知识冗余性与知识易得性之间矛盾日益突出。如何解决互联网时代知识传播服务过程中知识有效筛选和过滤问题，为用户提供更好的个性化知识服务，成为目前互联网时代知识传播服务领域重要的研究内容。

泰塞（Tsai，2008）介绍了互联网时代下五种知识传播模式，提出了融合企业内和企业间知识传播过程的知识传播模式，并用案例成功地证明所提模式的可行性。李香茹（2015）通过对智能移动终端支持的知识传播过程分析，构建了一种新型的知识传播模式，运用社会网络分析方法探析知识传播效果的影响因素。梁双双（2019）对知识服务类产品和辅助模块进行调查研究，结合知识传播模式深入分析，提出知识付费、移动音频、专业定制、打卡签到以及社群服务五类传播模式。

　　田泽等（Tian et al.，2010）在分析了现有知识传播模型的基础上，构建网络时代下的知识传播 ACAAA 模型，提出了企业知识创新的路径和对策。陈红勤等（2011）以泛在知识环境图书馆网络社区为例，分析了知识建构、知识转移和共享、知识创新以及知识服务四类知识传播机制构成要素与作用机理。叶腾等（2016）通过构建知识传播理论模型，利用社会网络分析和回归分析方法探析虚拟社区中知识传播效果内在影响机制。周丽（2018）针对大数据应用背景下图书馆知识传播服务链问题，重构图书馆知识传播服务链要素，拓展了图书馆知识传播服务链重构机制内涵。

　　互联网时代知识传播呈现出移动性、实时性、广泛性等特征，知识传播应用聚焦于图书馆、企业管理、知识经济、知识创新、知识共享、知识付费等相关服务领域。王顺箐（2004）结合互联网时代服务需求，提出了融合不同服务主体的图书馆知识传播应用服务模式，探索面向图书馆的知识传播新措施和新途径。李（Lee，2010）将知识价值管理与创新管理相结合，认为知识创新是企业可持续竞争的重要优势。莱夫特等（Lefter et al.，2011）使用层次分析法（AHP）研究互联网学术环境中的知识传播过程，提出代际知识传播应用将是知识经济的主要挑战之一。胡青（2015）通过对知乎案例的分析，探讨了社会化问答网站在知识传播过程中所产生的各种效益。徐修德等（2018）分析了移动智能终端普及与知识传播平台兴起对知识传播应用的影响，认为知识共享的方式发生了很大改变、知识传播效率得到很大提高，知识传播方法、手段和条件更加便捷与多样化。邱贻馨（2019）在分析知识付费领域代表性平台、产品以及服务的基础上，研究了互联网环境下知识生产、知识分享以及知识消费等过程。

　　互联网时代知识获取与传播方式发生了本质变化，以知识生产和利用为核心的知识传播应用也面临着多种挑战，互联网数据时空融合与知识传播应用服务有效衔接、互联网多源情境信息与知识传播应用服务有效匹配等问题都需要深入研究，才能为用户提供优质的互联网知识传播服务，推动互联网时代知识传播应用快速发展。

1.3.3　情境感知技术及其应用

　　传统应用服务较少关注用户的情境信息，只是重复执行规定好的应用程序，特殊的情境信息输入也需要由人工操作来完成，以实现应用服务适应情境的变化；面对海量的信息，用户难以获得符合当前情境的服务信息，这对不同领域的应用服务提出了新挑战。移动设备性能的提升以及传感器技术的广泛应用，为情境感知技术应用提供了技术保障。情境感知技术能够感知用户当前情境，为用户提供符合当前情境的个性化信息服务。作为移动应用服务系统设计的基础需求，情境感知服务试图提高新技术对服务质量的影响（Arnaboldi et al.，2014）。目前，在对情境理论、情境信息、情境感知、情境感知计算以及情境感知服务等相关理论研究基础上，国内外情境感知研究主要聚焦于情境信息获取与建模以及情境感知服务等方面。

1. 情境获取与建模研究

情境感知技术源于普适计算研究领域。施利特等（Schilit et al.，1994）认为情境感知是指应用系统通过传感器或其他技术感受当前情境状态变化，而且系统能够调整自身状态以适应情境动态变化。安迪（Andy）等将情境感知技术用于移动计算分布式处理研究领域，解决动态变化的应用环境中用户位置感知与自适应服务供给问题（Ward A et al.，1997）。随着研究深入，许多学者从不同视角对情境感知概念进行了补充和完善。情境感知是指利用用户的情境信息为用户提供适合的信息或服务（Dey et al.，1999）。情境感知服务是指通过采集用户的情境信息，判断用户当前的状况，向用户提供符合当前情境的服务（Staunstrup et al.，2009）。伴随着传感器技术、通信技术以及计算机技术发展，信息系统服务越来越情境化，服务不仅能自动感知情境信息变化，而且能动态调整执行内容以适应情境变化。

情境感知系统是提供情境感知服务的基础。情境感知系统需要模拟人的认知能力，识别和利用情境信息，为后续的功能性操作提供基础。情境感知系统必须具备收集情境信息，能将情境信息转换成适当的格式便于存取，利用低级情境获取高级情境的能力。因此，情境感知系统主要研究的问题包括情境获取、情境建模及情境推理三部分。

情境获取是指从用户环境中获取情境信息。情境获取是情境感知最活跃的研究领域之一。情境信息的获取主要有以下三种方式：显式获取、隐式获取、推理获取（Ali et al.，2019）。情境建模是指定义和表示情境信息的模型，其发展经历了面向理解、面向交互、面向推理和面向本体四个阶段（莫同等，2010）。情境建模的目标是构建普适性的信息模型，能够对情境信息进行解释和推理，实现不同情境感知应用的互操作和情境信息的共享。情境感知服务需要基于用户的情境信息向用户提供合适的信息和服务，但是能获得的原始情境信息往往是不完整的或不确定的，需要对原始情境数据进行推理，从低级的显式情境信息推断高级的隐式情境信息（Bikakis et al.，2008）。此外，情境推理还可检测情境信息的一致性问题。根据不同的情境信息模型，目前情境推理的方法主要有基于规则的推理、基于本体的推理、基于空间模型的推理、不确定情境推理以及混合情境推理等（沈旺等，2015）。

情境感知系统提供服务需要系统能理解现实世界的情境。但是目前应用服务系统不能理解现实世界的所有信息，需要合适的情境模型来存储和维护现实世界的情境信息。情境建模是指定义和表示情境信息的模型。情境感知应用应考虑不同系统下情境信息的相互分享和重复利用问题（Bettini et al.，2010）。科学合理的情境信息模型能够减少情境感知应用的复杂性，提高情境应用的可操作性和演化性。根据情境信息表示的数据结构模式差异性，目前情境建模方法主要分为以下六类：

（1）键—值建模方法。键—值建模法采用键—值对来描述和表示情境信息的属性以及数值。施利特等（Schilit et al.，1994）采用键—值模型对情境信息进行建模。戴伊（Dey，2001）在 Context Toolkit 项目中使用键—值模型表示情境信息。该建模方法具有快速存储与查询、易于管理等优点，但是该方法不能表达较为复杂的情境信息。

（2）标记建模方法。标记建模法使用各种标记语言（如 XML 等）来表示情境信息，其代表性方法有 UAProf 以及 CC/PP 等。标记建模法表达形式简单固定，能够实现快速推理，但该方法表达形式结构化，随着情境信息量的增加，模型的推理速度将变慢，也很难描述情境信息间的复杂关系。

（3）图表建模方法。图表建模法采用具有较强图形表示能力的语言（如 UML）对情境信息进行描述。亨利克森等（Henricksen et al.，2002）基于具体实际情境事实提出了对象角色模型。图表建模法适用于描述情境信息的结构，能将情境间关系以图形的形式表示出来，但该方法缺乏统一标准。

（4）面向对象的情境建模方法。通过使用封装、继承以及重用等面向对象的方法以类的方式来表示情境信息。施密特等（Schmidt et al.，2001）在 TEA 项目中对物理和逻辑传感器进行抽象，采用面向对象的建模方法描述情境信息。继承和多态的属性能丰富情境感知应用的延展性，提高情境信息重复利用效率，封装和继承缩短了情境感知应用服务开发时间。但是该方法在构建过程中需分析整个情境类型，对模型设计者有较高的要求。

（5）基于逻辑的情境建模方法。该方法通过使用逻辑规则来对情境信息进行描述，将情境定义为事实、表达式或规则。该方法最早由麦卡锡（McCarthy，1993）提出。基于逻辑的情境建模方法具有较好的形式化表达能力，能够对情境进行演绎和推理。但是该方法不能表达情境间的关系，无法进行功能验证。

（6）基于本体的情境建模方法。本体情境建模通过知识表达和推理框架来处理情境信息。该方法通常采用 OWL-DL 以及它的变体等本体语言，支持情境信息的推理，厄兹蒂尔克等（Öztürk et al.，1997）最早提出基于本体的情境建模。相对于其他建模方法，该方法在操作性、多样性方面有明显的优势，推理机制效率更高。但是构建完整的本体情境模型难度也较大。

2. 情境感知服务研究

情境感知服务主要目的是感知用户当前情境的变化情况，向用户提供与当前情境相符的信息或服务，国内外学者对情境感知应用进行了深入研究，已广泛应用于餐饮、电子商务、教育、知识服务等领域。针对以往研究要求用户手动输入偏好信息的问题，构建基于 Agent 框架的推荐系统，自动提取用户偏好信息，提供个性化服务（Hong，2009）。周莉等（2011）针对用户在电子商务网站获取适合自己的商品信息困难问题，通过构建商品信息本体模型和用户情境信息本体模型，计算商品信息与用户情境的相似度，实现了电子商务商品的个性化推荐。张浩等（2014）为解决物流园区物流协同分配服务问题，开展情境感知视角下云物流服务推送研究，利用本体描述语言对物流园区服务领域主体进行语义描述，通过计算语义匹配相似度的方法，实现基于情境的匹配与服务。王军锋等（2015）将情境感知应用到人机交互领域，把情境细分为用户、设备、软件、环境等。曾子明等（2015）为实现针对读者的精准化知识服务，使读者及时获得可靠有用的信息，将情境感知应用在移动阅读领域，通过情境条件熵来计算情境对读者影响程度的权重，融合基于用户的协同过滤推荐算法提供个性化推荐服务。张新香（2016）针对农民对资源的需求随着时间的推移不断改变的问题，考虑到时间、空间、农业生产门类等情境信息对农户信息需求的影响，以及农户兴趣的动态变化，实现对农户的农业信息个性化推荐。李枫林等（2016）为了增强用户自我健康状况的管理，构建了抗高血压药物信息服务本体模型，在描述逻辑推理的基础上结合基于 SWRL 的规则推理，实现了基于情境的健康信息个性化服务。侯力铁（2019）为解决传统图书馆知识服务被动推荐的问题，在分析了移动图书馆用户的信息需求后，根据移动图书馆的情境特点，提出基于情境本体的个性化服务推荐方法。吴海金等（2019）通过对用户情境信息相似度的计算，为传统的协同过滤算法增添情境感知的能力，有效改善了推荐过程中的冷启动问题，向用户提供与当前情境相符的个性化音乐推荐。唐东平等（2020）考虑到餐饮推荐的情境敏感性以及基于内容推荐的冷启动问题，设计了餐饮本体结构模型，通过规则推理实现餐饮的个性化推荐。

情境感知服务将情境信息纳入传统的应用服务系统中，考虑情境因素对用户服务的影响，尽可能向用户提供最佳的个性化服务。移动互联网时代终端设备性能提升和用户需求服务多元化，导致情境感知应用也面临着众多问题。首先，互联网快速发展使得情境信息获取将面临信息源的选取问题，迫切需要构建信息质量评价体系来评估信息质量，而且情境信息一致性检测也变得尤为重要；其次，情境表达应具有结构性、标准化、可扩展特性，解决情境建模过程中情境信息的共享与重用问题；最后，由于单一情境推理方式不能满足复杂的现实环境应用需求，要多种推理技术综合应用，才能更好地设计情境感知应用服务。

1.4　研究内容与创新

1.4.1　研究内容

移动互联网知识传播服务问题涉及移动设备应用服务模式、社会学相关理论、情境感知技术以及知识传播服务理论等方面的研究内容。传统知识服务仅仅考虑用户与知识内容两者之间关系，缺乏用户、情境因素、知识内容之间的内在关联关系的研究。本书针对移动设备支持下知识传播情境感知服务机制构建目标，通过系统深入地研究移动互联网知识传播模式以及服务情境影响因素，开展移动设备知识传播的情境感知服务模式与工作机理研究，构建用户特征、情境信息以及知识内容有效匹配和高效传递的移动设备知识传播服务机制，提升移动互联网知识服务效率，从而提高互联网服务用户满意度。同时，也将进一步研究活动理论、知识生态理论、ECA 规则在知识传播领域中的应用。通过研究用户、情境以及领域知识关联关系以及匹配原则，从领域知识库中找到最适合用户的知识，因此情境感知视域下知识服务的本质是知识供给情境化、个性化以及智能化服务。本书研究思路和研究框架如图 1-1 所示，具体研究内容如下：

（1）知识传播服务相关研究内容已较为丰富，但较多研究工作仅从传播学视角分析知识传播服务机理以及具体领域应用模式，而对移动互联网时代用户知识需求个性化和知识服务行为智能化服务的相关研究较少。本书通过对融合媒介时代知识传播服务效果影响因素的分析，聚焦移动互联网知识传播服务研究问题，将整体互动和分层服务作为知识传播活动分析的研究原则，探索移动设备知识传播服务模型，发挥移动设备情境状态信息感知服务功能，构建移动设备知识传播的情境感知服务模型，揭示移动互联网知识传播服务中的情境信息采集、情境规则推理以及情境感知应用等微观服务过程。可望进一步加深对移动互联网知识传播的情境感知服务研究问题的理解。

（2）针对现有移动设备知识传播服务缺乏对情境影响因素的系统性研究问题，本书采用文献演绎方式归纳移动设备知识传播服务情境影响因素，分析情境因素多维特征以及对知识传播服务影响的作用过程。开展移动设备知识传播服务情境影响因素形式化表征研究，将情境因素影响主观性感受转换为客观性抽象描述，在此基础上以计划行为理论与技术接受模型为指导，通过设计移动设备知识传播情境影响因素模型，分析面向知识传播服务的网络情境、设备情境、用户情境、资源情境、管理情境等情境因素影响机理，从而为移动设备知识传播服务高效应用提供相应的理论支撑。

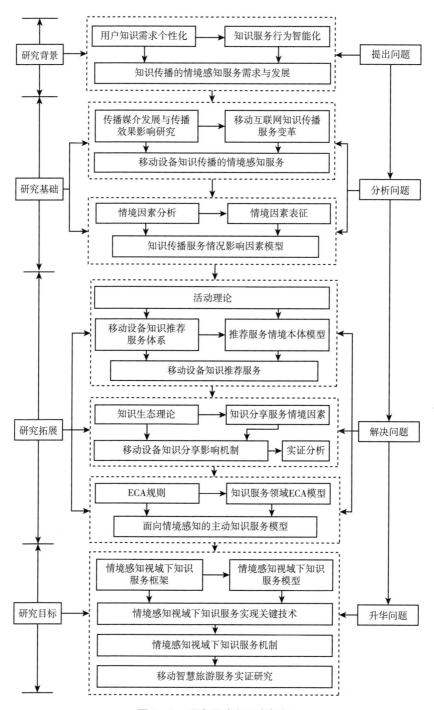

图1-1 研究思路和研究框架

（3）针对现有知识推荐服务缺乏考虑情境因素、存在服务冷启动以及用户个性化需求满足率较低等问题，本书引入活动理论，分析移动设备知识传播服务过程中的主体、客体、工具、共同体以及规则等活动要素，构建活动理论视角下移动设备知识推荐服务体系，为情境感知在推荐服务领域应用研究提供新视角；借鉴本体模型 CONON（Wang，2004）将移动设备知识推荐服务模型分为顶层情境本体和领域情境本体两部分，通过分析情境本体类型、组成要素、特征属性以及相互关系，采用 Protégé 建模软件构建移动设备知识推荐服务情境本体模型，研究移动设备知识推荐服务策略，为个性化知识服务设计提供模型支持。

（4）现有文献中，移动设备知识分享服务研究领域重视知识分享工具应用以及知识贡献情境影响因素研究，知识分享影响因素及其作用机理研究不够深入。本书从移动设备知识分享服务理论基础分析切入，设计基于拉斯韦尔 5W 模型的移动设备知识分享模式，采用文献演绎方式归纳移动设备知识分享服务情境影响因素，并以知乎社区为例，论证移动设备知识分享服务过程中情境影响因素及其作用机理；引入知识生态理论，开展知识生态视角下移动设备知识分享影响机制研究，从知识、知识主体、知识环境以及知识技术四个因素及其相互关系分析它们对知识分享的影响过程，在此基础上构建移动设备知识分享服务框架，并以中职学校教师移动设备知识分享为例开展实证研究，采用数据统计与分析方法，验证和优化中职教师移动设备知识分享影响因素模型，研究提升移动设备知识分享服务工作效率的对策与建议。

（5）针对传统知识传播服务理论和方法不能适应移动设备知识传播主动服务需求等问题，本书借鉴面向普适计算的主动服务设计研究思路，在分析主动知识服务研究现状基础上，将 ECA 规则理论应用于知识服务领域，通过对 ECA 规则组成要素及其行为流程分析，建立面向知识服务领域的 ECA 模型；结合主动知识服务领域组成要素分析，构建面向情境感知的主动知识服务模型，阐述主动知识服务领域情境本体构建原理，设计主动知识服务领域情境相似度计算方法，研究主动知识服务领域规则推理应用，为后续主动知识服务系统的实现提供理论支撑，同时也为智能知识服务研究提供新思路。

（6）针对移动设备情境感知支持下知识服务完整工作机理设计及其服

务实现关键技术优化等问题，本书以情境感知视域下知识服务完整过程为研究对象，以个性化、情境化、智能化知识服务机制设计为目标，从整体框架构建、服务流程设计、关键技术实现以及实证研究分析等视角系统性阐述情境感知视域下知识服务机制。设计面向移动设备应用的三维关联本体模型构建，解决移动设备多源异构情境数据多层次、细粒度、有序化收集；利用语义网技术将情境感知多维低阶情境信息推理成为面向知识服务的高阶情境信息，融入基于时变状态的二进制粒子群优化算法，计算获取与当前用户需求和情境特征最匹配的知识单元或者知识序列；通过移动智慧旅游服务案例应用实证研究，验证情境感知视域下知识服务机制工作的可行性。

1.4.2　研究创新

本研究的创新之处体现在：

（1）本书从新的理论视角构建情境感知视域下移动互联网知识传播服务机制。基于情境感知的移动设备知识传播服务是一种新型的移动应用知识服务模式，它将移动应用服务和情境感知技术有效融合，构建移动设备知识传播情境影响因素模型，以活动理论审视知识传播服务全过程，优化知识服务的语义匹配机制，解决知识传播服务过程用户需求动态化和情境敏感化问题，满足移动互联网环境用户对多元情境信息匹配服务需求，从而更好地为用户提供服务。

（2）本书通过对移动互联网知识分享服务理论和实例分析，揭示移动互联网环境下知识分享服务行为机理及其情境因素，从知识内容、知识分享主体、知识分享环境以及知识分享技术四个要素关系分析出发，确立知识生态理论下移动设备知识分享服务影响机制研究理论；构建中职教师移动设备知识分享影响因素模型，采用结构方程模型方法分析知识传播服务多元情境因素间生态关系。

（3）本书将 ECA 规则理论创新地应用于知识服务领域，提出面向知识服务领域的 ECA 规则模型，设计面向情境感知的主动知识服务模型，构建主动知识服务中用户情境本体，较完整地阐述移动互联网环境下基于 ECA 规则的主动自适应知识服务策略，解决传统知识服务内容供给的局限性和不适应性。

（4）本书将情境本体技术与智能优化算法有机融合并服务于知识服务处理过程，提出了情境感知视域下知识服务机制（CORIC），为泛在知识服务领域多源异构用户情境数据处理、多维关联本体模型构建以及语义推理与智能计算融合应用提供新思路，解决传统知识服务智能推理实现问题。

本章小结

本章首先介绍了本书的研究背景、目的与意义，然后分析了国内外相关研究现状，最后阐述了本书研究内容与创新之处。情境感知作为一种联系用户情境状态信息与知识内容特征之间的匹配桥梁，在知识服务供给过程中导入用户情境信息，将知识服务供给过程由原来的关键词静态匹配演化为关键词与情境信息协同动态匹配，使得知识服务向个性化、智能化方向发展。

第2章 移动设备知识传播服务研究基础

移动互联网时代知识传播服务具有跨时空、移动性以及个性化等特征，需要满足用户多元化需求，这对移动设备知识服务传播过程优化、服务功能丰富以及应用模式变革等方面提出了诸多挑战，使得研究者重新审视移动设备知识传播服务内涵与工作模式。本章首先阐述知识传播的相关理论，其次分析移动设备知识传播服务模型，最后探讨移动设备知识传播的情境感知服务内容，为知识传播服务深入研究提供理论基础。

2.1 知识传播内涵及其相关要素

随着移动通信技术、计算机技术以及无线网络应用的发展，知识传播服务被赋予新的时代内涵，移动互联网时代知识传播便利、高效、智能服务优势对社会发展起到重要推动作用。知识传播作为知识服务的关键环节，受到研究者的广泛关注，本节从知识传播概念、媒介类型、效果及其影响因素等方面介绍知识传播相关要素。

2.1.1 知识传播概念

知识传播已成为促进社会发展的重要服务途径。传统知识传播局限于研究活动，但随着社会信息量不断增加、移动设备应用普及以及人们群体文化素养的不断提升，作为知识的接收者、传播者不再局限于社会精英，而是趋于大众化。在社会知识传播网络中，每一位成员获取知识的同时也将自己的知识成果传递给他人。知识能够以最广的范围传播并为人所用是知识传播的最终目标（Pien Wang et al.，2004）。

戴维波特等（Davenport et al.，1998）认为知识传播由知识发送和吸收知识构成，不能将单独的发送或接受称为知识传播，因此知识传播的过程包含四个要素，分别是主体、情境、内容及媒介。倪延年（1999）提出知识传播是在社会传播环境中，传播者利用传播媒介向接收者传播知识，并期望达到一定的传播效果的社会活动。张艺（2001）将知识传播活动概括为知识传播者、信息、传播媒介、知识传播对象以及知识传播效果等五个要素。倪赛美（2017）将知识传播理解为循环的知识流通，是指知识接收者与知识传播者相互交流与反馈的过程。

通过对现有国内外知识传播研究相关文献进行梳理，可以发现关于知识传播概念阐述都较为全面，知识传播过程各要素分析也较为深入。将国内外学者对知识传播概念的阐述内容与传播学中哈罗德·拉斯韦尔在《传播的社会职能与结构》一文中提出的"5W 模式"相结合，本节设计了普适性的知识传播过程图解，如图 2-1 所示。

图 2-1　知识传播过程

知识传播是指知识信息由传播者通过媒介传递给接收者，包括知识传播者、知识接收者、传播媒介、知识传播环境四个要素。知识传播者是知识传播活动中信息的发布者，将接受的知识信息与自己擅长的领域进行匹配，并根据自身先验知识与经验通过重组、编排以及创新等方式形成能够实现他们传播目的的知识内容，最终通过媒介发布知识信息。知识传播媒介是知识传播者在传播知识过程中选择能承载特定知识信息内容的媒介，同时兼具传播者与受传者之间联系和呈现知识内容的作用。媒介会随着时代的发展而不断革新，但是新媒介不会完全替代旧媒介，两者相互支持相互补充，为知识多元化呈现提供媒介保障。知识接收者既是知识内容的接收者，也是知识内容的需求者。知识接收者的需求通过媒介发布，经过筛选、考察选择适合自己需求的目标知识内容，通过所接受的知识内容进行创新或者编排重组来形成新成果，该成果为原始知识传播效果检测提供了考察依据。知识传播环境是知识传播者、知识接收者和传播媒介所处的互联网环境以及社会背景。

总体来看，知识传播概念可以从两个方面理解：一是知识传播本质视角。知识虽然是按照特定过程进行传播，但知识传播方式必然要突破传统少部分人研究、利用知识的模式，实现知识无边界的传播，尽可能让更多的社会成员都可以获取并共享知识。二是知识传播发展视角。未来知识传播必定会借助移动设备与互联网媒介更加高效地提供服务，传播过程中获取知识的渠道也更加多元化，5G、智能终端、无线通信技术、虚拟现实等新技术也能够为知识传播搭建更好的传播环境，面向情境感知的跨时空知识传播服务必将成为大众日常需求。

2.1.2 知识传播媒介类型

知识传播产生于文字诞生之前，人类进入文明社会，知识传播的方式开始多样化，最早是通过语言传播，然后使用文字传播，工业革命后，以电子媒介和网络媒介为主要的传播方式日益普及，至今逐步发展成为移动网络为载体的融合媒介传播方式（见图 2 - 2）。

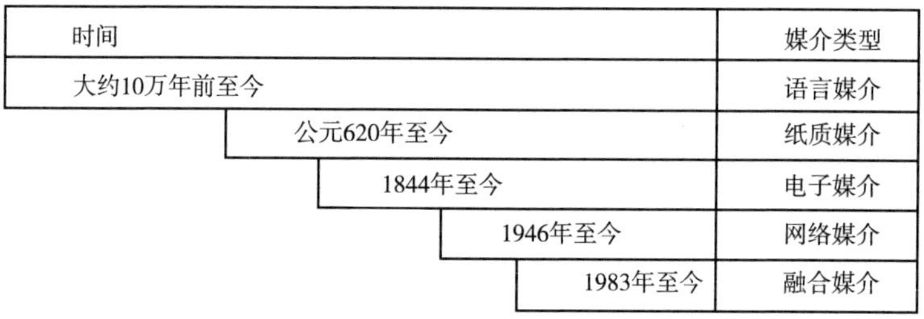

时间	媒介类型
大约10万年前至今	语言媒介
公元620年至今	纸质媒介
1844年至今	电子媒介
1946年至今	网络媒介
1983年至今	融合媒介

图 2 - 2　传播媒介演变

麦克卢汉等（M. McLuhan et al.，1966）认为，每一种新的媒介形式都能够影响并开创新的社会生活方式和社会行为方式，从这个意义上讲，社会发展的根本动因在于媒介变革。麦克卢汉还将媒介比作人体的延伸。由于新技术的不断发展，传播媒介的形式也更加多样化，但是媒介变革发展并不是新媒介取代旧媒介，而是媒介之间相互支持、互为补充，能更好地满足知识传播方式和知识呈现形式的新需求。

1. 语言媒介

人的成长离不开语言，从幼儿牙牙学语，到在学校通过老师讲解学习知识，再到能够运用交谈、演讲、谈判等方式表达想法。人类需要利用语言传递信息，也需要通过语言来获取自己需要的知识。苏联著名心理学家巴甫洛夫认为，没有东西可以比语言更能使我们成为人类。语言是人类摆脱原始生活的标志，是与其他动物相区别的重要标志，更是人类传播知识开始的标志。总之，利用语言沟通交流是知识传播最简单最灵活的方式，也是能够最快速获取知识的方式。

尽管语言是知识最直接的传播形式，但是由于语言仅限于人与人之间沟通，且仅作为一种声音符号参与传播，所以以语言作为媒介传播知识仍有局限。一方面，作为传播媒介的语言仅是一种声音符号，这种传播形式不能"通之于万里，推之于百年"，只能依靠人类大脑的记忆保存，不利于知识大规模的传播；另一方面，有用的知识不能迅速地普及，甚至在传播过程中演变为曲解、误会，还可能发展为危言耸听的谣言。在语言传播的社会环境中，知识的传播效度低、传播范围小。

2. 纸质媒介

以纸张作为文字、图片等知识内容的传播媒介，产生了书籍、报纸、杂志等传统主流纸质媒介，在很长的一段时间成为人们获取知识的主要途径。因为有了纸质媒介，知识传播范围不再局限于少数精英、学者，而是将范围扩大到面向所有的普通群众，让更多的人可以接触知识信息。

以报纸为代表的纸质媒介是知识传播的主要形式，因其价格低廉，内容贴近读者，很好地达到了有效传播信息的目的。但是全球报纸的日发行量从 2009 年开始下降，2010 年下滑严重；而且纸质媒体制作成本较新兴的数字媒体更加昂贵，使得越来越多的人选择借助互联网使用电子设备等新媒体进行阅读。为了适应时代发展丰富阅读方式，纸质媒介内容在数字媒介上呈现，纸质媒体走向信息化、数字化是知识传播媒介发展的必然趋势。

不过，部分报纸和杂志已将目标用户锁定为成功人士、兴趣人士，纸质媒介在现实生活中也积累了较为固定的读者群和忠实受众，而且凭借其传统媒体品牌效应，在网络空间未来应用发展中还会具有极大的号召力。

3. 电子媒介

现代科技日新月异，以电子技术为基础发展起来的电子媒介成为信息时代知识传播的主要载体。罗杰斯认为电子传播是在没有识字要求的情况下，为人类提供了跨越识字障碍、进行大众传播的一种方法（邵培仁，1997）。

信息时代的电子媒介主要包括广播、电视、电影等。其中，广播与简单的语言传播知识不同，它能够更加广泛地传播信息，可以把原本只能在一定范围内进行交流的语言，借由电子技术传递到无限广阔的服务区域，但这往往是通过电波广泛而短暂的进行传播，依旧无法克服口语传播难以保存的缺点。电影电视作为一种极具突破性的传播媒介影响了整个世界。电影电视将人的声音动作记录并保存下来，通过电子技术实现了全范围的传播。社会各个领域都发生了革新，人们能够看到纪实的电影，能实时了解整个世界正在发生的新闻动态，能直观地学习科学知识。电子媒介传播方式能使知识传播范围更加广阔，知识呈现方式也更加直观灵活，但是知识传播过程中受到电子设备性能等方面限制，其传播速度无法满足大众对知识日益增长的迫切需求。

4. 网络媒介

当人类进入信息社会、知识社会之时，大量的知识和信息被传播与分享，移动互联网应运而生，网络也成为电子媒介应用的延伸。

随着移动互联网技术的快速发展，知识传播呈现出了速度快、容量大、样式多的传播特点。互联网中承载的知识信息可以以语言、文字、声音、影像等所有人类发展史中出现过的知识传播形式呈现，并以强大的兼容性使知识传播可以在不同载体之间相互转换。除了具备传统传播形式特点之外，网络传播还具有主动性、隐蔽性、参与性、交谈性以及操作性等特点。另外，网络空间也并非是对现实空间的简单模拟，而是流动的、即时的、不断更新的、多层的世界，更符合知识传播发展规律（Nunes M.，1997）。

网络媒介的产生和发展，显著提升了知识传递的速度，使知识能够在全球范围内同步传播，网络时代也真正实现了麦克卢汉所说的"地球村"情境。

5. 融合媒介

媒介融合也就是媒介的一体化，即：融合多元的传播媒介——报纸、电视、广播等传统媒体与移动智能终端等新兴媒体，从而共同作用生产出新的知识产品，最终利用各类媒体传播给社会成员，实现知识的共享。

狭义的融合媒介是指融合各类传播媒介后产生质变，最终以一种新媒介继续传播知识信息，如电子杂志、新闻客户端等（丁柏铨，2011）。新闻客户端能够融合报纸与数字智能媒介，在报纸原有的接受群体中传播数字智能媒体呈现的知识内容。移动设备支持下数字智能媒介与纸质媒介相互融合，实现更加便捷高效的绿色阅读新理念传递。广义的媒介融合是指融合所有媒介与媒介的相关要素，即媒介类型、媒介功能、组织结构、传播方式等要素的汇聚（丁柏铨，2011）。随着数字化、网络化服务进程的不断推进，即时通信、搜索等行为逐渐成为社会结构和文化的一部分。移动化、普适化成为未来媒介的属性，以 Web 2.0、物联网、移动化设备、交互界面、仿生科学等为代表的第四维度媒介，将人体、组织和数字网络融为一体，大大延展人们对于现有基于人体可及范围之内的传播及其范围的理解。

互联网技术飞速发展推动智能移动终端应用领域不断拓展，融合媒体时代移动设备终端上开发的微信公众号、知乎 App、智慧地图等应用程序，能为知识传播提供更加多样化、高效化、便捷化的传播服务方式。因此，开展移动设备支持下的知识传播服务研究具有重要的社会服务价值。

表 2 - 1 总结了上述五种传播媒介的传播内容和传播特点。

表 2 - 1　　　　　　　　　媒介的传播内容与特点对比

媒介类型	传播内容	传播特点
语言媒介	语言	范围小、易变、易获取
纸质媒介	文字、图表、图片等	可查阅
电子媒介	视频、音频、文字等	设备局限、可查阅
网络媒介	视频、音频、文字等	范围广、易获取
融合媒介	视频、动画、音频、文字等	范围广、易获取、易查阅

2.1.3 知识传播效果及其影响因素

知识传播效果是指知识传播者实施知识传播活动过程后在知识接收者方面发生的变化（倪延年，1999）。根据此概念描述，知识传播效果评价主要关注的是知识接收者在整个过程中对新知识理解和拥有的变化情况。知识接收者获取知识的过程如图 2 - 3 所示。

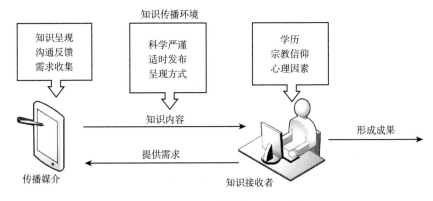

图 2 - 3　知识接收者获取知识过程

知识接收者将自身需求输入传播媒介，根据媒介所呈现的知识内容来选择符合自己需求的知识，并利用先验知识进行知识重组或创新，从而形成新的知识成果，该成果可以用来评价知识传播效果。在此过程中，可以分析得出传播媒介、传播内容、知识接收者自身以及知识传播环境四个维度对知识传播效果的影响（邵培仁，2015）。下面将从这四个方面讨论知识传播效果的影响因素。

1. 传播媒介影响因素

知识接收者根据需要获取知识的同时也会主动选择知识的传播途径。20 世纪 50 年代美国传播学者施拉姆（W. Schramm，1954）提出了用于反映受众选择大众传播媒体的决定性因素公式：选择或然率 = 报偿的保证 ÷ 费力的程度。公式中"报偿的保证"是指受众对于传播内容的满意程度，"费力的程度"是传播内容的清晰程度与传播媒介使用的便捷程度总和（石庆生，2004）。该公式表明，提高选择或然率可提高信息对接收者的吸引程度，也就是说随着新技术的发展，知识传播媒介不断革新，尽管可供知识接收者选择的传播途径越来越多，但是知识的接收者会根据实际情况，选择最能充分满足需要的知识内容，而在其他条件完全相同的情况下，他们会选择最便捷的途径。

2. 传播内容影响因素

传播内容即知识传播者传播的知识。传播内容是影响知识传播效果的重要因素，该内容能否引起兴趣、满足其需求，是否科学严谨、真实可信，是否直观呈现等，都是知识接收者在选择知识时所考察的条件。知识传播者发布信息时要注意内容的四个方面：第一，内容真实感；第二，标题贴合性；第三，内容来源的可靠性、观点的客观性和科学性；第四，内容呈现方式的有序性，科学的知识内容如果以散乱的方式发布，难以得到关注与信任。因此，知识传播者在发布知识内容时应当以科学方式编排内容，并在适合的平台发布。

3. 知识接收者影响因素

知识接收者是信息的接收者和消费者，同时也是对信息、媒体、传播途径合理与否的最终检验者。邵培仁（2007）认为受众不仅是信息传播的目的地，还是反映传播效果的显示器，因此，受众作为传播过程的重要环节，能够表现传播媒介的总体效果。相同时代背景下知识接收者所处的不同社会环境，会造成其对传播途径选择、传播内容态度等方面的不同观点，主要原因来自知识接收者的国家、地区、文化背景、宗教信仰、教育水平以及生活方式等方面的差异性。

知识接收者本人的心理因素也决定其主动获取知识的积极程度。一方面受众的选择性心理和逆反心理会对其参与的知识传播活动产生影响；另一方面是因为受众生活在群体环境之中，心理上渴望被他人采纳与认同，容易产生选择知识内容、传播媒介的从众心理，从而影响知识传播活动具体行为。

4. 知识传播环境影响因素

知识传播环境是知识传播活动开展和延伸的社会环境，由各种社会要素构成。知识传播环境主要通过社会环境中的经济、文化、政治以及宗教等因素作用于知识传播活动，并通过对知识传播活动的内容、形式、方法、方式、手段以及利益倾向性的限制和约束来实现。其中，政治制度、社会法制理念作为一种规范和准则对知识传播活动起到限制作用，知识传播需要在此规则中进行。科学技术促进知识传播活动的发展，具有广泛应用价值的传播技术发明必然会带来知识信息传播效率的普遍提高。民族、宗教等因素也会促进知识的传播。民族等群落的形成与发展就是具有群落特点的信息在一定范围内传播，最终得到认同的过程。知识传播环境中情境因素也会对知识传播效果产生影响，会直接影响知识传播服务接收者个性化需求的满足程度，本书聚焦于情境感知视角下移动互联网知识传播服务的研究内容，关注情境对知识传播服务效果的影响。

2.2 移动设备知识传播服务基础

平板电脑、智能手机、手持阅读器等移动终端在社会各领域广泛使用，使得移动应用互动形式和服务内容不断丰富，给社会活动带来更多便利，移动互联网时代知识传播服务朝着便捷化、高效化、智能化方向发展，移动设备支持下的知识传播服务受到研究者普遍关注。

2.2.1 移动设备知识传播服务概述

移动设备是指具有开放的操作系统，支持应用程序的开发与运行，同时具备较好的处理能力、高速接入互联网能力、良好人机交互界面的便携式终端设备，包括智能手机、PDA、平板电脑等。费默松等（Fermoso et al.，2015）提出移动设备可以突破服务时空限制，允许用户在任何地点利用碎片化时间开展移动学习。面向移动终端的普适技术的合理使用能够有效降低知识工作者之间的时空障碍，并通过对知识访问方式的改进加强知识传播服务能力（Hendriks P.，2015）。由此可见，将移动设备运用于互联网知识传播过程，有助于提供更加高效的知识传播服务。

移动设备知识传播服务是指知识信息通过移动设备媒介实现传播内容多方式呈现、个性化推荐与定制化服务等功能，具有传播方式移动化、知识内容碎片化等特点。因此，移动设备支持下知识传播服务不仅丰富了用户获取知识的渠道，而且能够随时随地提供知识传播服务，提升了知识传播服务效率；移动设备支持的用户交流、评论等功能提高了交流的便捷性，克服了面对面线下交流弊端。移动设备知识传播服务特点如图 2 – 4 所示。

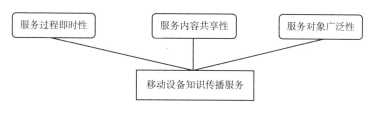

图 2 – 4 移动设备知识传播服务特点

1. 服务过程即时性

移动设备广泛应用改变了人们获取、使用、筛选以及消费知识的方式，移动设备作为传播媒介能够有效提升知识传播的速度。移动设备支持下应用程序以及各种信息资源越来越多元化，例如开放的大型资源平台以及文献资源库都支持移动终端使用模式，用户可以在任何时间、任何地点使用各种搜索引擎、应用程序来获取与自身需求相匹配的信息资源。

2. 服务内容共享性

科学技术的快速发展为知识传播创造了便捷的传播条件，使知识传播更加开放，互联网时代共享知识成为可能。借助于云计算以及云存储技术，互联网可以将空间上分散的多个独立信息源互相串联起来，从而形成知识资源共享的大集合。知识服务内容共享性可以使人们获取的知识得到更大程度的利用，同时促进知识经济的发展，推动社会发展的文明进程。格瑞姆等（Graeme et al. ，2013）认为互联网应用与信息技术设备使用能有效促进知识共享、转移等活动的发生。

3. 服务对象广泛性

移动互联网时代知识传播互动模式凸显了知识传播参与对象广泛性的特点，知识传播过程中人际关系网络的介入，使得知识传播过程更重视知识社会化内容。用户参与和评论等因素也直接影响着知识创造，显性知识传播过程中隐性知识也能得到前所未有的传播。移动设备以及互联网应用平台操作难度较低，不仅使得知识传播便利化，而且使得知识传播服务活动参与对象广泛化；同时知识传播衍生出更加多样化的知识形式，也使得用户在有需要的时候即时检索信息、查找相应的知识内容，甚至能够根据用户的偏好提前推送知识内容，能较好地吸引更多的服务对象参与。

移动设备知识传播相较于传统知识传播发生了质的变化。传播过程中知识获取多元、便捷，甚至依靠技术的支持能够筛选出匹配性较好的知识内容推送至用户移动终端应用界面。互联网环境与移动设备综合应用能够为知识传播创造较为便捷的传播服务环境，使得更多社会成员参与移动互联网时代知识传播活动。此外，知识服务内容呈现方式也变得多元化，用户能够根据需要定制需求范围内的知识内容，同时移动式知识内容检索、查阅、浏览、分享以及交流服务等能使用户更便利地获得知识。

2.2.2 移动设备知识传播服务模型的形成

移动互联网环境下知识传播路径发生了改变，移动设备作为传播媒介也打破了知识传受双方的固定地位，吸引了更多的人群参与知识传播，扩展了知识传播的内容范围，改善了知识传播环境和传播效果。移动设备支持下的知识传播其本质仍然是网络知识传播的基础模式。网络传播模型是一种利用计算机通信网络进行信息传递和交流，以达到社会文化传递目的的知识传播模型（匡文波，2001）。伴随互联网高速发展，网络传播模型也产生了多种细化模型，如信息交流模型（郝金星，2003）、网络信息传播模型（谢新州等，2004）、六度传播模型（孟庆兰，2008）、整体互动模型（邵培仁，2007）以及社交网络传播模型（史亚光等，2009）等。

1. 信息交流模型

郝金星（2003）设计了信息交流模型，如图2-5所示。该模型中用户体现为四种类型：信息创建者、信息发布者、信息执行者与信息使用者，并且呈现为多种角色；用户获取信息的主要渠道是网络，其他渠道起到辅助作用，网络又分为专用网络、公众网络等；模型中也表现出网络环境下信息交流方式呈双向互动特点。

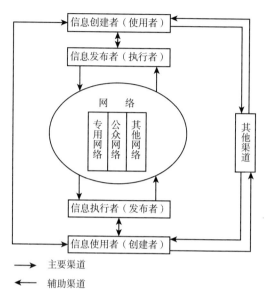

图2-5　信息交流模型

资料来源：郝金星（2003）。

2. 网络信息传播模型

谢新州等（2004）设计了网络信息传播模型，如图2-6所示。该模型主要要素包括传播者、受众、信息以及网络媒体。该模型分析了传播者与受众具有自我印象、人格认知、群体化等特点，网络媒体分为电子邮件、静态网页等类型。在该模型中，信息传播过程体现为：传播者对信息做出选择加工，网络媒体通过信息类型选择的具体方式进行发布，受众将类型选择具体方式通过网络媒体进行反馈；最终形成传播者与受众间双向互动的模式。

3. 六度传播模型

孟庆兰（2008）提出了六度传播模型，如图2-7所示。该模型中知识的接收者和传播者呈现一体化，并受到自我印象、人员群体、人格结构以及所处的社会环境影响。知识传播的主要环境是网络环境，具体呈现为：电子邮件、静态网站、聊天室以及音频视频等。传播过程中虽然会受到噪声对知识信息的影响，但是与传统传播模式相比影响较小。

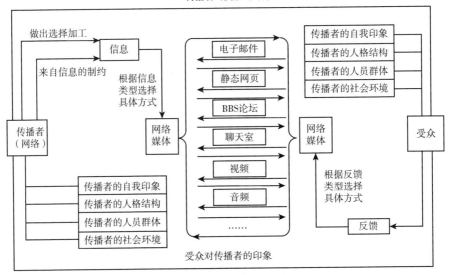

图 2-6 网络信息传播模型

资料来源：谢新州等（2004）。

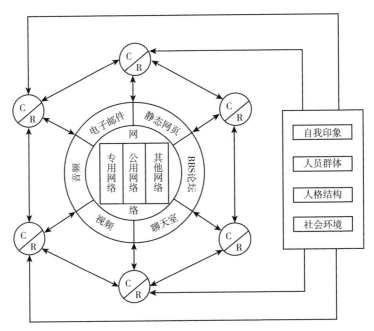

图 2-7 六度传播模型

资料来源：孟庆兰（2008）。

4. 整体互动模型

邵培仁（2007）设计了整体互动模型，如图 2-8 所示。该模型虽未强调传播者与受传者一体化的特点，但是从形式上看两者能够实现的功能是相同的。首先，该模式通过双向互动的方式展现了知识信息传播过程内部系统与外部环境之间的联系。其次，模型以信息交换设备为中心，向信息源、大众媒介、信息库、社会服务提取或传播知识信息，再利用终端发送知识信息成果或接受用户的需求。整体互动模型强调了传播的双向性和能动性。

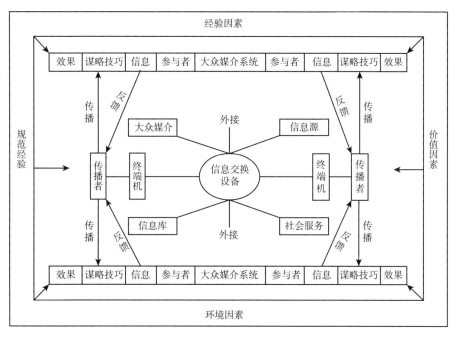

图 2-8 整体互动模型

资料来源：邵培仁（2007）。

5. 社交网络传播模型

史亚光等（2009）根据社交网络的六度分隔理论和 150 法则提出了社交网络传播模型，如图 2-9 所示。首先，该模型通过分析知识信息传播中一般的传播者与受众，指出知识传播者与受众界限模糊，也列举了特殊的传播者与受众（具体包含机构、名人、传统媒体等）在知识信息传播过程中的重要作用；然后，对于传播媒介、传播内容、传播方向最新变革进行了详细分析，突出了网络技术在这一过程中扮演的重要角色；最后，通过上述内容总结得出社交网络是信息传播的新平台，普通用户使用的社交网络也将带来媒体变革，知识信息的传播效率会进一步提升。

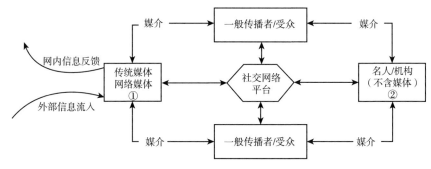

图 2 - 9　社交网络传播模型

注：①②为特殊传播者/受众。

资料来源：史亚光等（2009）。

6. 移动设备知识传播服务模型

深入分析上述五种网络传播模型，得出其共同特点有：知识传播者与接收者界限较为模糊；传播媒介以网络平台为载体，通过移动终端与用户形成有效联系；互联网传播环境呈现出传播方式多样化、影响因素多元化、传播过程移动性特点；传播效果考虑网络环境影响因素能更高效地将知识内容推送到用户端。综合上述五种传播模型优点和核心理念，借鉴邵培仁（2007）提出的整体互动模型系统内部与外部环境互相影响结构，本书提出移动设备知识传播服务模型，如图 2 - 10 所示。

该模型不仅能够将传播中各个要素紧密结合起来，而且注重传播过程整体与局部的互动关系以及外部影响因素，是一个内容全面、层次完备的传播模型，能更好地展现知识传播各要素、层次、整体之间的动态互动关系。整个模型从内部到外部可以分为三个层次来分析：核心层是知识传播过程的要素，中间层是传播过程进行的活动，最外层是影响知识传播效果的四个因素。要素是进行活动的主体，传播活动是构成传播服务的基本单元，整个过程受到影响传播效果的四个因素控制。

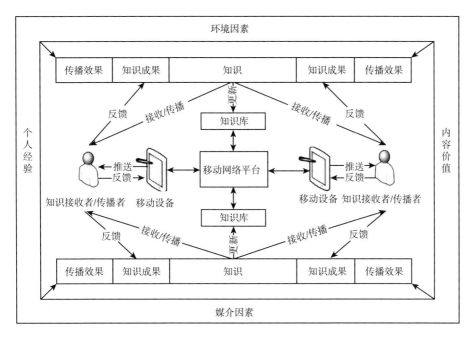

图 2 - 10　移动设备知识传播服务模型

（1）核心层：移动设备知识传播核心要素。移动设备支持下知识传播服务包含的核心要素有：知识传播者/接收者、知识传播媒介（移动设备）、知识传播环境等。

知识传播媒介是指用于知识传播者与知识接收者之间进行知识传播的工具媒介。借助移动网络平台传播的知识内容能够以平台为软件服务载体、移动设备为传播媒介来呈现，这种传播方式突破了时空间限制，服务功能更加多样化与人性化，方便受/传者更快捷地获取需要的知识内容。

知识传播环境是为知识传播者、知识接收者以及传播媒介使用提供开放包容的互联网活动环境。环境对整个知识传播过程影响较大，虽然环境能为知识传播创造跨时空的知识活动场所，但用户获取所需知识时也要遵守互联网规则。

（2）中间层：移动设备知识传播具体活动。整个知识传播服务过程中涉及知识传播、知识接收、知识反馈以及知识推送等活动。知识传播是指知识传播者通过传播媒介发布知识，发布的知识通过相应媒介到达目标用户，为目标用户筛选知识提供素材。知识接收是指接收者借助传播媒介得到知识的过程，其中接收知识可分为主动接收和被动接收两种形式。主动接收是指用户通过主动检索来收集相关知识，被动接收是通过对用户需求分析主动为用户推送相关内容，或者是知识传播者主动给予目标用户具有目标性的信息。知识反馈是指知识受传者对知识的需求和认识。受传者借助移动网络平台使用移动设备对获取的知识进行重新梳理，加以重组与创新形成新的知识成果。知识推送是指借助移动设备等传播媒介根据用户需要为其提供知识内容。知识呈现有文字、音频、视频等多种方式，移动设备支持下各类知识传播服务应用具有强大的知识呈现方式及编辑处理能力。知识推送也可以分为用户主动获取和被动推送两种形式。用户主动获取的知识具有针对性，能够解决用户当前的问题；而用户被动推送的知识与知识传播者的传播目的、用户相关需求或偏好需求等有关，是对目前知识传播领域的服务延伸。

（3）边缘层：移动设备知识传播影响因素。移动设备支持下知识传播效果的影响因素有环境因素、媒介因素、个人经验、传播内容的价值等。环境因素是指传播过程在怎样的社会环境中进行，包含政治制度、科技发展水平、宗教信仰等内容。媒介因素主要是指以移动设备为代表的终端设备互联网接入速率、各类传感器工作性能、应用服务 App 功能以及人机交互操作等因素。个人经验是指知识传播者/接收者的个人对需求的判断能力。国家、地区、文化背景、宗教信仰、生活习惯、教育水平、生活方式、心理因素等方面都会对个人需求能力判断产生影响。传播内容的价值表现为该内容是否符合受/传者活动需求以及受/传者被动接受知识的内容是否符合用户需求，甚至也会对其下一个目标产生影响。

从上述模型各层级分析可知，知识传播活动在影响因素控制下从内到外呈现动态联系特征，模型各层级要素之间存在着互动关系，层级活动之间相互支持、有机衔接共同支撑知识传播服务开展。总之，移动设备知识传播服务模型能够将知识传播活动局部与整体紧密结合起来，形成以移动网络平台为核心、以移动设备为媒介的知识传播动态循环服务系统。

2.2.3 移动设备知识传播服务实例

移动互联网技术飞速发展，移动智能终端技术不断革新，新型移动设备具备高速接入互联网、高清摄像、智能定位、高速下载、在线收听观看音视频等功能，移动设备快速发展与普及应用促使知识传播更加高效化，用户能够随时随地根据需求检索到各种形式的知识并通过移动设备实时呈现。知识传播按知识内容类型可以分为：图文式知识传播、音频式知识传播、视频式知识传播三类。移动设备支持下上述三类知识传播模型如表2-2所示。

表 2-2　　　　　　　　移动设备支持下三类知识传播模型

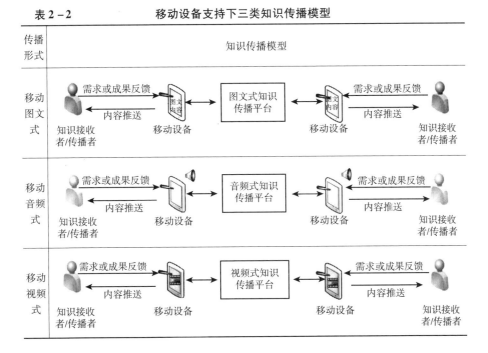

　　表2-2所示的三类知识传播模型都是在确定的传播环境下，以知识传播平台为中心，以移动设备为传播工具，将多种传播媒介融合使用；移动设备支持下知识接收者或传播者角色呈现界限模糊特征，用户既能够通过需求检索到知识也可以将知识重组，构建新的知识成果反馈（郭全中，2016）。因此，上述三种知识传播类型模式均符合本章设计的移动设备知识传播模型，能够应用该模型对整个知识传播要素、过程、传播环境以及传播效果影响因素进行详细解释。但三类知识传播模型不同之处在于传递知识内容形式的侧重点各有不同。图文式知识传播侧重于呈现图文内容，注重图文结合，将纸质媒体的内容通过数字化展示，以移动设备作为媒介通

过文章、小段文字并添加相关图片来进行知识的传播，典型应用平台有百度百科、微信公众平台以及知乎网等；音频式知识传播既包括将广播与互联网两种媒介融合形成的网络广播，也包括创新产生的有声读物产品，平台也可以将文字知识转换成音频内容，用户从视觉接受变为听觉接受，增加了获取知识的方式，也方便在特殊场景中使用音频获取需要的知识内容，典型应用有喜马拉雅 FM 等；视频式的知识传播中应用较为广泛的是在线教育平台和短视频平台，它们将知识信息转化成视频形式，包含文字、图片、音频、动画等元素，以短小精悍的视频方式呈现知识内容，借助移动设备等便携式智能终端方便用户对知识内容下载、评论、转发等服务功能，使得知识传播变得快捷、便利，典型应用有抖音等。

2.3 移动设备知识传播的情境感知服务

传感技术发展使得互联网时代移动终端设备感知服务能力不断提升，计算机技术、无线通信技术以及传感技术融合发展的情境感知技术已渗透到人们日常生活中，移动设备支持下情境感知服务应用能力也日益增强。移动设备知识传播的情境感知服务是指借助移动设备感知服务能力，感知知识传播活动中用户当前的情境信息，为用户提供与情境匹配的服务内容。用户对知识传播服务内容的满足程度与知识传播情境感知服务能力存在密切关联关系，移动设备知识传播的情境感知服务已成为知识服务领域重点研究问题。

2.3.1 移动设备知识传播的情境感知服务基本概述

移动互联网高速发展背景下，各类信息急剧增加导致知识传播过程中信息过载、信息冗余现象不断产生，也使得用户被动接受到过多无用信息。移动设备支持下情境感知技术能使移动设备"感知"到当前所处的位置、周边的人、周边的物体等情境状态信息，基于情境信息完成最匹配知识内容的有效推荐（Schilit，1994）。情境感知服务本质是最大限度地实现技术服务于人类活动，提高服务效率以促进社会高效和谐发展（陈天娇等，

2007）。曹业华（2015）将情境感知融入融合式学习模式，通过研究发现情境感知服务可以有效激发学生获取知识兴趣、提高主动获取知识的意识。融合情境特征的虚拟学术社区利用学生所处情境信息，精准挖掘学术知识，实现社区知识个性化推荐（房小可等，2019）。

移动设备知识传播的情境感知服务是指借助移动设备获取知识传播服务的情境信息，形成"用户—情境—服务"工作过程组成要素，为用户提供灵活、柔性服务，使服务能适应情境信息，提升服务的用户体验感，提高知识服务绩效。广义的移动设备知识传播情境感知服务可理解为将情境作为服务供给的重要依据，以情境数据和情境信息获取、处理以及分析为技术支持，以用户体验和交互协同情感化提升为优化目标，利用情境感知技术预测用户行为，通过情境挖掘、情境聚合、情境计算、情境交互、情境应用等一系列操作，为用户提供匹配度高的个性化知识服务，在旅游、新闻与广告推荐、移动学习、电子商务、电影与音乐推荐以及图书馆服务等领域有广泛应用。面向知识传播服务的移动设备情境感知功能有：

（1）内容识别功能。移动设备情境感知技术能够智能识别以文字、图片等形式描述的用户需求信息，并以此来筛选最满足用户需求的知识信息，后续用户开展同类操作时主动推送相关知识信息。王莹（2015）通过对真车实景环境采集交通视频内容的分析，开发了基于移动智能终端的限速牌实时识别与预警软件。王光新（2017）针对手写体汉字识别率低的问题，提出了脱机手写体汉字图像反馈智能识别模型。

（2）实时定位功能。移动设备情境感知借助于 LBS 定位技术，能够利用无线通信网络或外部定位 GPS 方式获取移动设备用户的位置信息，并且基于用户位置信息来提供相关服务，刘成（2013）为移动用户提供一公里范围内的美食、酒店服务方案。聂尔豪等（2014）提出具有更高定位精度的 Wi-Fi 定位算法，提升小范围区域实时定位服务能力。

（3）状态感知功能。移动设备情境感知服务不仅能感知用户所处位置，而且借助视频姿态识别技术感知用户身体状态、手势、语言等方面的变化，并根据用户相关状态变化提供相应服务。胡龙（2015）开展了移动设备终端用户行为识别研究。周瑞等（2016）利用智能手机及其内置惯性传感器开展室内行人航位推算研究，提出了行人航位推算优化算法。

（4）个性化标记功能。移动设备情境感知服务通过记录用户搜索信息、操作习惯以及关注领域等信息，对用户行为和感兴趣内容进行个性化标记操作，为用户后续操作提供更有针对性的活动导向和内容推送。杨晶（2013）利用标签将用户兴趣爱好与项目特征协同考虑，实现项目与用户有效联系，完成用户兴趣模型构建研究。李建军等（2019）将用户浏览行为与情景因素相结合，提出基于情景感知的用户兴趣模型，为目标用户精准推荐服务内容。

2.3.2 移动设备知识传播的情境感知服务主要类型

安迪等（Anind et al.，2000）认为，情境感知服务是运用情境感知技术获取用户所处情境信息，并向其提供与用户需求相匹配的服务内容。根据移动设备向用户提供服务方式的不同，可将情境感知服务分为三种类型，分别是个性化服务、被动情境感知服务以及主动情境感知服务（Anind et al.，2005）。个性化服务和被动情境感知服务即"拉"式服务，是由用户主动提供需求，主动检索相关需求内容；主动情境感知服务即"推"式服务，是指支持移动设备的服务系统根据用户相关需求以及情境状态主动提供服务内容，三类服务具体信息如表2-3所示。

表2-3 移动设备知识传播情境感知服务类型

类型	主动主体	方式
个性化服务	用户	用户手动输入个人需求、情景描述
被动情境感知服务	用户	用户主动触发，移动设备支持的平台自动捕获用户的情境信息
主动情境感知服务	系统平台＋移动智能设备	无须用户触发，移动设备自动适应情境并自动触发主动服务

移动设备知识传播的情境感知服务中知识接收者获取知识的效率得到提升，平台运营者通过情境感知技术能够查看实体的"谁""在哪里""何时"等精准信息，即通过该技术来感知用户的实时信息并使用这些情境信息来判断即将发生的情况，为用户提供个性化服务。从知识传播过程分析视角能够发现移动设备知识传播的情境感知服务模式不仅仅是知识传播者

向接收者的单向传播，而且是在传播者、接收者、传播媒介之间形成了复杂的网络结构和组织形态。情境感知支持下移动设备知识传播是环式传播与多关键点式传播相结合的组合形式，将用户、知识、情境连接成一个整体，每一个点代表借助移动设备参与知识传播活动的用户，箭头代表知识传播方向，传播模式如图 2 − 11 所示。

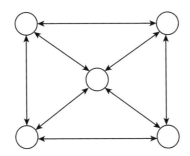

图 2 − 11　情境感知技术支持移动设备知识传播模式

在图 2 − 11 所示的知识传播模式中，知识先由用户或平台等作为关键点发布，再向知识的接收者传递，这些接收者能够以对应需求为依据，有针对性地获取知识，来形成新的知识信息，知识接收者通过上述行为的发生成为新关键点，再将知识传播给下一节点。关键点是指在传播过程中具有多个亲密节点的用户，在传播中体现为强势传播，可以向多个知识源传递知识内容。

情境感知技术支持下移动设备知识传播是对传统知识传播服务的优化和升级，发挥移动设备情境感知服务优势，融合移动互联网跨时空服务功能，提升知识传播服务效率。全面获取用户情境信息后能较准确地预测用户需求，融合情境、用户需求以及知识推荐技术于一体的工作机制使得服务内容提供更为精准。但移动设备支持下情境感知服务环境比传统互联网服务环境更为复杂，具体表现在：用户位置以及需求信息动态变化、服务内容与情境状态关联性等；而且移动设备便携式特征也使得设备软硬件配置以及处理能力等方面区别于传统互联网服务环境。因此，传统互联网知识传播与情境感知支持下，移动设备知识传播在设备、技术、推荐方式、知识传播形式、呈现方式、数据来源、实时性等方面存在着差异，具体如表 2 − 4 所示。

表2-4   不同环境下知识传播服务类别差异性分析

类别	传统互联网知识传播服务	情境感知支持下移动互联网知识传播服务
服务设备	固定主机，无移动设备	智能手机、平板电脑等
主要推荐技术	协同过滤技术	协同过滤技术、情景感知技术等
推荐知识方式	按用户需求推荐	融合用户需求和情境状态推荐
知识传播形式	链式传播	环式传播、多关键点传播等
知识呈现方式	列表、反馈评价	列表、反馈评价、电子地图等
数据来源	用户行为	用户行为、情境信息等
服务内容匹配度	较低	较高

2.3.3　移动设备知识传播的情境感知服务机制内涵

情境感知支持下移动设备知识传播服务将情境感知服务融入知识传播各个阶段，实现情境信息与知识信息应用服务共享。通过对现有国内外情感知服务相关文献梳理，移动设备知识传播的情境感知服务模型如图2-12所示。该模型揭示了情境感知服务机制的工作内涵，共分为三层，分别是情境信息采集层、情境感知服务推理层、情境感知服务推荐层；三层之间服务内容层层递进，以情境感知服务为核心为用户提供匹配度高、针对性强的服务内容。下面详细分析图2-12服务模型各层级内涵及其关系。

1. 情境信息采集层

首先在移动互联网环境中以合理合规方式通过移动终端设备感知用户的位置、速率、状态以及历史操作等信息；其次，由用户通过移动设备自主输入自己的个人基本信息、知识的详细需求以及个人偏好等信息。情境信息涉及知识传播者、接收者、传播环境、传播媒介等方面特征信息，影响着知识传播关键要素，采集完成的信息通过相关技术储存于情境信息库以及用户信息库等状态数据库中，为情境感知服务模型中下一层级提供全面、完整的情境信息支持。

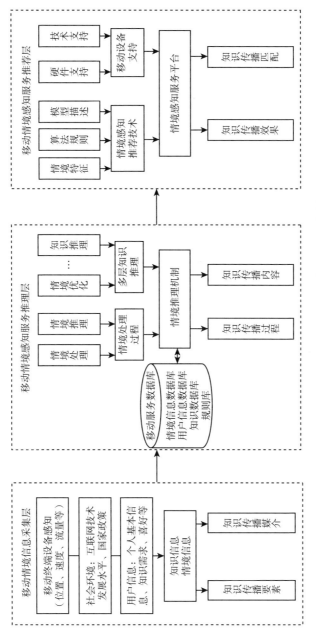

图 2-12　移动设备知识传播的情境感知服务模型

2. 情境感知服务推理层

对从上一层中获取的情境信息进行深度处理，从单一情境信息组合处理到复合情境信息推理，借助知识推理规则，优化情境处理推理规则，形成面向知识传播服务的情境推理机制，开展以用户情境信息匹配为原则的知识内容过滤与筛选操作，实现知识传播过程中的知识内容有效处理目标，此过程可简述为情境感知支持下的知识服务推理机制。该机制各要素与知识传播过程相结合，从而得到更加符合用户需求的知识内容，并将推理服务处理后的知识传到下一层级。

3. 情境感知服务推荐层

该层级接收上一层级推理得到的情境特征和知识信息后，利用情境感知技术构建模型并用算法进行推理计算。情境感知支持下的移动设备知识传播服务平台向用户推荐目标知识内容，通过分析用户反馈信息得到所提供服务知识的匹配程度，通过分析知识对用户实际价值来评价知识传播的效果。

移动设备情境感知技术有助于知识传播内容精确化，情境信息可以起到对知识内容过滤、筛选的辅助作用，情境感知服务模型三个层次实现功能层层递进、服务内容逐步聚焦，最终借助移动设备为用户提供最匹配的服务内容。该服务模型优势在于既能够体现知识传播服务具体流程，也能较好地呈现服务过程技术要素，可以使情境感知下移动设备知识传播过的程内外部各因素得到全面融合，能较好地展示情境感知支持移动设备知识传播服务的工作过程。

2.3.4　移动设备知识传播的情境感知服务机制外延

根据移动设备知识传播的情境感知服务基础模型，进一步讨论情境感知服务机制外延可以扩展情境感知功能体系、丰富情境感知应用领域，情境感知视域下知识服务也会得到高效化、便捷化以及个性化的发展。因此，针对移动设备知识传播的情境感知服务特点，从系统动力学视角提出移动设备知识传播的情境感知服务机制外延，如图 2 – 13 所示。

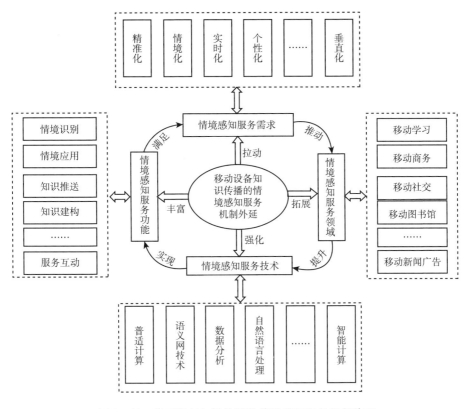

图 2 – 13　移动设备知识传播的情境感知服务机制外延

移动设备知识传播的情境感知服务机制外延是将用户需求以及情境作为服务供给的重要依据，通过情境和信息数据的处理、分析技术，实现比传统情境感知服务机制更加丰富的情境识别、知识建构等功能，最终拓展情境感知服务领域，可以为用户在移动学习、移动商务等领域提供个性化精准服务。下面详细分析图 2 – 13 情境感知服务机制外延的联动作用机理。

1. 情境感知服务需求

用户的需求和所处情境是情境感知服务机制外延的动力来源。移动设备通过移动互联网等技术支持实时获取用户个性化需求以及相关的情境信息等，这些应用促使情境感知机制进一步丰富了功能体系与服务领域，达到为用户提供更加针对性、精准化的知识服务目标。

2. 情境感知服务技术

情境感知服务技术是支持整体机制运行的动力支撑。数据获取、处理、分析等技术不断涌现，使得面向移动设备的知识资源以及情境信息等大幅增长。宝腾飞（2013）应用普适计算对移动设备产生的用户情境数据开展建模研究。房小可（2015）利用语义关系、信任关系等进行社会化媒体的信息推荐。徐进（2018）设计人工智能视角下图书馆情境信息融合处理流程来搭建图书馆情境感知推荐服务平台。张琨（2019）提出利用情境信息来辅助自然语言的语义理解与表示，从情境信息的选择、情境信息的利用以及文本的处理等方面展开深入研究，提升了自然语言语义表示模型的性能。

3. 情境感知服务功能

情境感知服务功能是情境感知服务机制的动力保障。情境感知技术支持下实现情境识别、情境应用、知识构建等功能，并且不断为新功能的开发提供扩展性思路。潘旭伟等（2009）提出利用情境和本体信息开展自适应个性化知识服务研究。梁钦沛（2013）利用移动终端和传感器进行数据收集控制、共享以及扩展性智能感知研究，构建情境识别应用系统架构。王欣等（2019）通过情境感知与高校图书馆个性化知识推送契合性分析，构建了个性化通用类知识与专业知识推送体系。

4. 情境感知服务领域

情境感知服务领域是情境感知服务机制的核心。情境感知服务机制外延的最终目标就是扩展情境感知服务领域，通过需求驱动、技术支持、情境感知功能构建，实现知识服务应用于学习、社交、商务等各个方面。吴凡等（2019）运用系统研究法构建了基于情境感知的图书馆近场服务模型。陈星等（2019）将知识图谱引入智慧家居应用领域，构建面向智能家居应用的情境感知服务模型。情境感知服务在商业领域应用也得到了研究者关注，唐东平（2020）通过对移动商务活动情境下用户需求分析，设计了基于情境感知的领域本体模型结构，通过规则推理实现餐饮 O2O 推荐。

情境感知机制外延由上述四个服务要素驱动，形成了一个具有联动作用的机制，技术能够极大丰富情境感知服务功能，最终达到扩展情境感知应用领域、提供个性化知识服务的目标，层层驱动最终形成了情境感知机制外延内容。

2.3.5　移动设备知识传播的情境感知服务案例分析

物联网能够让所有具有独立寻址的普通物体具备互联互通能力（刘陈等，2011）。移动图书馆能将书籍以及其他知识信息通过网络互联互通，并借助移动设备情境感知技术获取用户环境、行为、兴趣偏好等信息，从而更具针对性地推送图书信息，提升图书信息传播效率。移动图书馆以"用户—情境—书籍"融合为服务理念，为移动互联网时代推动知识传播服务智能化、全民化提供了良好工作范式。

诺洋河（Noh Y，2015）在 IEEE 组织学术会议上提出了图书馆 4.0 概念及模型，并将未来图书馆服务特征概括为海量数据、增强现实、情境感知、前沿展示等。王芳等（2011）将情境感知服务引入移动图书馆中，构建了基于情境感知的移动图书馆个性化信息服务流程模型。郭顺利等（2014）将用户基本信息及位置信息与社会网络情境信息相关联，构建了移动图书馆读者需求模型。侯力铁（2019）将情境感知技术应用于移动图书馆，构建了基于情境感知移动图书馆个性化推荐服务评估体系。

作为移动互联网知识传播服务典型案例的移动图书馆，发挥情境感知技术在环境信息、兴趣偏好、知识需求等情境信息收集方面的作用，使其具有情境化检索、情境化推荐以及情境化推送三大功能。情境化检索功能满足用户随时随地检索图书需求，情境感知技术实现了情境状态信息融合，助推用户开展模糊检索、关键词检索等操作实施，同时移动图书馆系统能够根据检索词智能补充、完善用户书籍需求服务信息。情境化推荐功能是指通过收集到的用户情境信息和借阅历史等数据，筛选与当前用户需求和情境状态匹配的图书信息。情境化推送功能是移动图书馆服务最重要的功能。陈远方（2018）指出移动图书馆服务实质是移动图书馆知识传播服务与图书馆跨时空服务目标匹配的程度，表现为用户需求、检索历史以及情境状态信息用于定制个性化服务，实现图书服务内容主动推送。

情境感知支持的移动图书馆服务首先需要用户主动向平台提供需求和个人信息，其次借助移动设备的传感器等硬件设备以及系统中的协同过滤技术、个性化推荐技术等实现情境化检索、推荐以及推送。移动图书馆中的情境感知服务涉及五个阶段：情境及需求获取阶段、情境信息处理与表示阶段、情境信息与图书知识匹配阶段、图书信息推荐阶段、图书信息推送阶段，如图 2-14 所示。

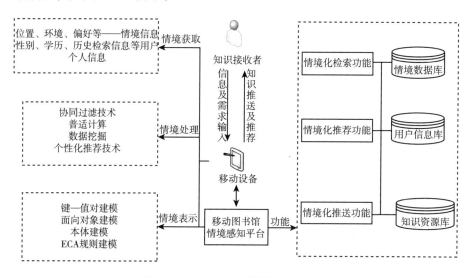

图 2-14 移动图书馆情境感知服务

（1）情境及需求获取阶段：借助移动图书馆平台输入个人信息和需求信息，移动设备通过软硬件支持技术获取用户所在地点、环境等信息，移动图书馆平台将上述信息储存于对应的情境数据库以及用户信息库中，为后续情境处理提供信息源。

（2）情境信息处理与表示阶段：情境信息、知识资源等数据运用协同过滤、个性化推荐等技术进行初步的表示与过滤，剔除无用数据部分，借助多种建模技术，按照一定的理论或者规则实现情境表示，为后续"情境—内容"匹配提供逻辑依据和操作基础。

（3）情境信息与图书知识匹配阶段：利用算法开展图书知识与用户需求、情境匹配操作，不断优化匹配结果以得到最好的图书信息；移动图书馆借助相关技术提供实时语音导航、视频导航服务功能，让用户匹配条件更加精准化。

（4）图书信息推荐阶段：移动图书馆平台能够结合用户阅览历史、检索信息等为用户推荐感兴趣的书籍。平台借助移动设备向其推荐符合其需求的图书信息，将匹配度较高图书的信息集进行重新排序与筛选操作，推荐给具有相同或相似情境服务需求的用户（周玲元，2015）。

（5）图书信息推送阶段：移动图书馆平台依据用户知识需求实现图书信息的主动推送服务。图书信息推荐后继续获取用户新的情境信息以及需求信息，将新的情境数据与匹配图书信息更新到对应数据库中，通过数据更新操作主动为用户推送图书信息。

本章小结

发挥移动设备在知识传播服务过程中媒介情境感知性和跨时空服务性，推进移动设备知识传播服务高效化、便捷化、智能化发展。移动设备知识传播服务的基础内容分析有助于理解移动互联网环境下知识传播服务过程，移动设备知识传播的情境感知服务研究有助于揭示移动互联网环境下知识传播精准服务实现的工作机理，移动设备情境感知技术与互联网知识传播服务融合有助于提升新时代知识传播服务效率。

第3章 移动设备知识传播情境影响因素模型研究

　　情境是移动互联网知识传播服务内外环境因素的集成，情境因素与服务特征匹配程度影响着知识传播服务工作效率，系统而又有针对性地分析和应用情境因素有助于提高移动设备知识传播个性化服务能力，能够为移动设备知识传播智能化服务奠定基础。深入分析移动设备知识传播服务中的情境特征，建立完整科学的情境影响因素模型，能更好地指导移动设备知识传播服务功能设计。本章在移动设备情境应用以及影响因素研究现状分析基础上，研究移动设备知识传播服务情境影响因素表征与模型的构建问题，为后续移动设备主动知识服务研究提供理论支撑。

3.1　情境及其相关研究

　　情境伴随工作学习生活各个方面，是活动主体自身及其关联因素的集合，目前情境相关研究已经涉及人工智能、情报学以及心理学等多个学科领域知识。将情境因素引入移动互联网知识服务研究领域，有助于提高移动设备知识服务的个性化服务品质，优化移动设备知识传播服务过程。本节从情境概念分析入手，通过梳理情境在相关领域中的实际运用状况，探讨情境对于移动互联网知识服务影响过程，从而明确移动设备知识传播服务中情境的作用与意义。

3.1.1 情境概念分析

情境概念阐述最早来自 1911 年心理学家冯特所提出的"情境气质"概念，该定义用于阐明在个体人格和气质中情境的特定作用（谷传华等，2003）。之后情境定义则主要集中于普适环境应用领域，如格雷戈里等（1999）认为情境能够用来表征一个实体所处状态的信息，其中实体可以是物理对象或计算对象。尤纳森·格鲁丁（Jonathan Grudin，2001）则从情境因素出发，认为情境是人、群体、计算对象和物理对象的位置、身份和状态。保罗·杜里什（Paul Dourish，2004）从情境的四个特性进行了定义，认为情境首先是一种信息，其次情境是可分辨的，再其次情境具有稳定性，最后情境与活动是分离的。加里·约翰斯（Gary Johns，2006）将情境定义为影响组织行为发生以及变量之间功能关系的限制因素。雅各布·巴尔德姆（Jakob E. Bardram，2009）认为情境是人的整体活动及其具体操作行为。

随着学习观念变革以及个性化服务理念应用深入，情境利用也逐渐从一般性向个别化、多领域方向发展，传统普适环境下的情境利用已无法满足移动互联网时代的服务需求。张广斌（2008）从多学科视角分析了情境的内涵，认为：美学中的情境与"情景"相通；心理学中的情境包括学习内容及发生背景；人类文化学中的情境包括被研究对象所处环境、文化风俗、习惯等；社会学中的情境是与个体直接联系的社会环境；教育学中的情境则是日常生活场景和学校环境，即具体产生教育问题的场域。情境是实体状态信息的综合呈现。董杰（2009）认为思想政治教育情境是指有利于教育者和受教育者思想政治目标实现，服务于思想政治教育的特定环境。蒲海涛等（Haitao Pu et al.，2011）认为移动学习中的情境是指学习者借助移动终端开展学习活动的环境状态集合。刘小锋等（2013）重点探讨了市场情境以及图书馆情境等；市场情境是指由相互联系和补充的多种要素组合产生市场交换关系媒介，反映市场主体间的全部交换关系；图书馆情境研究是研究用户的心理认知行为以及全部活动资料和数据，并进行系统地收集、记录、整理和分析，以了解信息产品的现实市场和潜在市场，研究范围是所有的信息、信息产品以及服务等。王成玉等（Chengyu Wang et al.，2014）认为移动设备用户界面设计中的情境是指参与某项活动的情景，包括环境和个人因素。苏敬勤等（2016）通过对情境内涵、分类与情境化研究现状等方面梳理，从理念环境、物质环境、物质与理念环境等视角研究情境概念。理念环境视角以格式塔学派为主要代表，进一步将情境内涵"主观化"，认为情境是个体在心理上所能感知到的各种环境集成；物质环境视角以行为主义学派为主要代表，排除心理因素的影响，强调情境的客观性；物质与环境视角以认知—行为主义学派为主要代表，将情境的社会意义、个体对情境的认知等都加入情境概念当中。

通过以上分析可知，情境概念研究已经从狭义范畴向广义范畴转变，是对主体行为产生影响的相关因素集合。本章从情境普适性研究视角出发，认为情境是表征用户所处状态的信息，包括用户位置、时间、活动、知识偏好等相关信息。由于情境会影响用户需求和用户行为，使得情境成为提升移动设备个性化知识服务效率的重要因素。

3.1.2 移动设备情境应用研究

不同领域下的情境应用具有不同目的和特征，移动设备下的情境应用主要集中于个性化知识服务，设备或系统获取并利用相关情境影响因素，实现对用户服务需求的掌控，从而满足用户个人需求。如塔耶布·伦洛马等（Tayeb Lemlouma et al.，2004）通过获取用户情境信息来实现移动设备内容自适应的个性化供给服务。蒋祥杰（2010）对用户登录信息进行语义分析，利用语义推理进行匹配检索，为用户推荐与检索要求相匹配的信息，从而满足用户个体知识需求。蒲海涛等（Haitao Pu et al.，2011）通过分析移动设备情境对服务参数的影响，研究移动设备服务情境适应性，从而实现个性化服务。黄园（2013）利用显式、隐式等方式获取相关情境，提出基于情境感知的个人移动知识管理系统逻辑框架，实现快捷有效的个人知识管理，提高知识管理的个性化服务水平。吴金红等（2013）通过分析情境在个性化服务中的作用，建立情境处理层和情境应用层，实现泛在信息环境下的个性化知识服务。李敏等（2015）通过分析移动信息服务用户情境作用，获取相关用户情境数据，开展用户情境类聚合研究，实现移动气象信息的个性化服务。姚宁（2016）通过获取相关情境信息建构用户模型，利用成熟匹配算法计算数字资源与用户模型匹配程度，将匹配程度高的资源推荐给相似用户，实现知识个性化推荐服务。陈氢等（2018）借助已有研究成果，研究移动情境感知服务，实现移动图书馆个性化知识服务。牛根义（2019）通过对用户信息需求层次及意义的分析，提出基于情境的推荐服务、位置服务、访问识别服务以及移动增强现实服务等，满足移动图书馆环境下用户个性化知识服务需求。

此外，还有学者将情境作为原有系统功能升级的助推因素，支持优化原有功能或服务。如保罗·门德斯等（Paulo Mendes et al.，2003）收集不同网络位置下的情境信息，建立情境管理框架，从而优化通信系统所有层的用户服务。程时伟等（2010）在对情境感知移动交互过程分析的基础上，构建包括自适应控制与决策、情境感知以及界面表示等服务的 CMAUI 自适应用户界面模型，用以支持移动设备下自适应用户界面模型构建研究。陈莲莲（2011）通过对移动手持设备相关情境分析，开展基于情境的界面设计研究，构建基于情境的服务设计与评估模型。李镭（2011）通过对室内移动办公环境下用户情境感知需求、用户行为特征等方面的研究分析，设计构造以用户模型、用户接收模型等为基础的室内移动办公情境感知模型，实现基于诺基亚情境感知项目的高保真服务界面设计。格热哥兹·J. 纳拉帕等（Grzegorz J. Nalepa et al.，2014）梳理移动平台上的情境感知方法，提出基于规则的移动计算情境推理平台，以适应智能分布式移动计算设备服务需求。周玲元（2015）通过对图书馆移动服务中用户、移动智能终端、物理环境等相关情境数据的收集，建立情境服务模型，实现面向移动图书馆服务的本体设计。

发现、识别与处理用户相关情境信息，精准分析用户个性化服务需求，使移动设备知识服务更贴合用户习惯与需求（王福，2017）；同时情境服务信息复杂化、情境服务对象多元化以及情境服务内容随机化也使得情境应用模式从传统被动匹配推荐向主动推送服务转变，促使情境应用服务朝着智能化方向发展。

3.1.3　知识传播情境因素研究现状

知识传播领域情境相关研究呈现多样化应用特征。第一，情境融合应用提升应用服务深度和效率。米俊魁（1990）剖析情境教学法的相关理论依据，提出情境教学法优化应用工作建议。李京雄（2005）研究化学学科背景下情境教学融合应用策略。余敏等（2008）在对图书馆知识转移的相关影响因素分析基础上，对图书馆知识转移中的战略、文化、组织、制度、技术、环境六个维度情境进行分析，并提出相应应用策略。吴洪平（2019）分析了生活情境在小学数学中运用的意义，提出生活情境在小学数学中的运用原则。韩业江等（2019）针对基于情境感知的智慧图书馆服务中存在的问题进行深入剖析，从而促进情境与智慧图书馆服务的深度融合，提升智慧图书馆个性化服务水平。第二，情境融合应用助推知识服务多元发展。米格尔·A. 穆尼奥斯等（Miguel A. Muñoz et al.，2003）将情境应用于医院信息管理系统，实现了情境条件匹配下的信息精准传递。亨俊安等（Hyung Jun Ahn et al.，2005）基于现有情境模型和虚拟协同工作特点，设计出促进虚拟协同工作环境下知识积累情境模型。蒋祥杰（2010）通过筛选、获取、分析信息服务过程中的情境影响因素，构建用户服务模型，满足信息服务过程中用户个性化需求。肖亮等（2010）依据实际配送情况需求，分析配送用户当前的网络情境、用户情境、资源情境、产品情境等特征，从而支持协同优化配送主体之间的服务行为。王士凯等（2013）借助本体描述语言，研究领域知识与情境知识本体模型构建、情境—知识关系表示以及情境相似度计算等，实现情境感知视角下云制造领域知识推送。赵建波（2015）通过分析知识情境与知识推送之间的关系，构建基于知识情境的知识推荐技术，提高知识重用和共享效率。周明建等（2016）主要考虑了个性化知识推荐系统中的知识情境，建立知识情境模型，通过计算知识情境模型的相似度，实现知识推荐过程优化，提高个性化知识推荐的准确度和效率。房小可等（2019）将情境语义关系融入知识推荐中，实现了情境融合视角下语义协同推荐服务。马天舒（2019）通过对用户基本信息、认知模式、专业知识水平、环境信息、设备信息等方面的分析，构建用户情境模型，从而实现对用户知识需求的预测。第三，情境信息获取与处理关键技术的深入研究与探索。安德烈亚斯·克劳斯等（Andreas Krause et al.，2005）研究利用可穿戴设备、麦克风、位置传感器等获取情境信息的关键技术。余平等（2016）研究智慧学习资源中的情境实体特征，构建情境信息描述模型，提出情境感知系统框架。王克勤等（2019）抽取产品设计领域的情感要素，开展情境感知视角下情境信息数据过滤与融合研究，探索情境推理规则触发机制，从而获取高级情境信息。

知识传播领域情境应用的复杂性与不确定性，不仅使得情境应用呈现出用户中心性、动态性、随机性等特征，而且使人们从关注情境信息应用到关注情境信息多元获取和融合应用。知识传播领域情境因素研究以构建用户情境模型为基础，以情境获取、推理以及融合应用为核心，以个性化知识服务为目标，推动人工智能时代知识服务智能化与系统化发展。

3.2 移动设备知识传播服务情境影响因素分析

移动设备情境信息很大程度上会影响用户行为，进而影响移动互联网的知识传播服务。要实现移动互联网知识传播服务个性化与精准化并促使其向动态化与智能化转变，就需要深入了解移动互联网知识传播服务过程中所涉及的情境因素，挖掘移动互联网知识传播过程中情境因素作用机理。因此，本节从理论上分析移动设备知识传播情境影响的因素类型、特征以及作用过程，为后续移动设备知识传播情境影响因素模型构建提供理论基础。

3.2.1 移动设备知识传播情境影响因素类型

情境信息存在不同类别，开展情境分类研究有助于揭示移动设备情境信息感知与识别机制（杨金庆等，2020）。多数研究者在移动互联网知识服务情境影响因素分类中主要考虑与用户相关的情境影响因素类型，包括用户情境、时间情境、地点情境等情境影响因素类型。顾君忠（2009）认为情境应当以人为本，围绕人来考虑，并依此建立包括计算情境、用户情境、物理情境、时间情境、社会情境等情境因素在内的情境谱系。克里斯托斯·埃曼努利迪斯等（Christos Emmanouilidis et al.，2013）认为移动设备中情境影响因素主要有用户、环境、系统、社会以及服务等因素，每个情境因素在移动设备领域中都有不同的特征，其中用户是个性化服务的核心，系统则主要与技术约束相关，环境提供周边情境要素，社会情境是服务有效性的重要因素，服务情境是移动设备知识服务功能合理性的重要因素。房小可（2015）结合戴伊（Dey）、利伯曼（Lieberman）、哈基拉（Hakkila）等学者对于情境分类研究，将情境因素划分为环境因素、用户因素、任务因素。项阳（2017）根据目前对于情境分类标准的研究，以用户为中心进行分类并逐渐细化，最终将情境影响因素类型划分为用户情境、设备情境、社会情境、环境情境、任务情境、时间情境、位置情境等。谢斌（2018）将用户与行为要素、空间与环境要素、社交氛围要素、体验要素四个方面作为情境感知视角下移动图书馆场景化服务的情境核心要素。丁彩云（2018）按照是否与用户自身相关将影响移动图书馆电子资源推荐情境的影响因素划分为主观因素、客观因素两个方面，其中主观因素是用户自身因素或与其相关的因素，包括用户基本信息、社会网络信息等；客观因素是用户所处环境因素，包括用户所处的环境、网络情况等。

移动设备知识传播中情境影响类型除了要考虑与用户的相关性，还要保证现有技术能支持实现相关情境的获取，基于此，部分研究从移动设备知识传播的获取方式出发，对情境影响因素进行划分。如覃梦秋（2015）依据情境获取途径的不同，将情境分为直接情境和潜在情境，直接情境是指移动设备能直接获取或通过用户直接提交得到的情境，潜在情境则是无法通过上述途径直接获取的相关情境。陈氢等（2018）根据情境数据获取方式不同，将情境影响因素分为低层情境和高层情境，低层情境是从移动设备或 Web 服务器端口直接获取的数据，高层情境是利用相关工具对原始情境数据经过处理后得到的。同时，为了便于对移动设备知识服务情境相关影响因素的及时更新，将情境影响因素分为动态情境因素和静态情境因素。如罗国前等（2018）将移动观影情境要素分为静态情境信息和动态情境信息，其中静态信息是长期不易发生变化的情境信息，动态信息则是用户自身或周围环境等处于动态变化的情境信息。

移动设备性能不断提升使得越来越多的用户个性与需求信息能被感知和应用（吴菲等，2016）。移动设备知识传播服务情境影响因素主要以用户情境、时间情境、环境情境等与用户相关的情境类型为主，同时也要考虑情境本身特性、获取方式等因素，要依据实际情况，坚持以用户服务为中心的目的，合理选取相关情境影响因素。

3.2.2 移动设备知识传播情境影响因素特征

移动设备知识传播服务情境影响因素不仅要考虑移动设备本身的特殊性，如移动设备灵活性、移动设备对相关情境因素的敏感性等，还要考虑移动设备知识传播情境影响因素间的复杂性，如情境因素作用相互性、情境因素处理复杂性以及动态性等。综合以上考虑，将移动设备知识传播情境影响因素特征归纳为以下四个方面。

1. 情境影响因素动态性

情境信息获取与处理的实时性使得情境因素变化具有动态性（王福，2017）。移动设备知识服务过程中用户情境信息动态变化需及时获取，才能动态优化情境影响模型，提升知识服务个性化推送工作效率；知识服务领域内容不断更新也促使着情境因素与时俱进，情境因素动态更新才能保证知识服务的质量；移动设备本身的移动特性也使得知识服务过程中情境因素处于变化之中。

2. 情境影响因素双元性

情境影响因素双元性体现为直接性与间接性特征。一是情境因素获取方式的直接性与间接性。移动设备可以直接获取用户地理位置、时间等情境因素，而对用户知识偏好的情境因素获取，则需建立在对用户历史记录分析计算的基础上。二是情境因素对移动知识服务的直接与间接影响。资源情境数量及质量直接影响着移动知识服务的质量及用户的满意度，而用户本身已有知识及知识偏好则通过资源推送间接影响移动知识服务质量及用户满意度。

3. 情境影响因素复杂性

移动设备知识传播服务情境影响因素的筛选、获取及应用具有复杂性。情境因素客观存在于移动知识服务过程中，并影响移动知识服务整个过程。随着技术的发展，系统将逐步实现情境感知、获取及处理，从而使情境实现可视化、可控制、可处理（黄园，2013）。情境因素类型多样化以及影响综合性特点使得情境因素筛选和推理处理复杂化，同时也使得各因素之间相互影响错综复杂；而移动设备知识传播服务涉及设备、用户以及内容等多方面的多样性和动态性影响，使得整个知识服务始终处于动态变化过程中，知识服务需要进行大量繁杂的推理与运算，更加剧了移动设备知识服务过程的复杂性。

4. 情境因素服务用户性

移动设备知识传播服务对象的确定性使得情境因素服务具有用户性特点。情境因素以用户为中心，从用户所处环境、所用设备以及服务等方面来考虑，满足用户日常生活与工作等实际需求。与此同时，用户的年龄、职业等个人特征也影响移动设备知识服务（程时伟等，2010）。因此在移动设备知识服务过程中，要通过对用户认知、兴趣等特征因素进行分析，结合用户已有知识基础，满足移动设备支持下知识传播服务用户的个性化需求。

3.2.3 移动设备知识传播情境因素作用过程

移动设备知识传播服务情境影响因素并非独立存在，而是各因素之间存在着相互影响关系，并通过直接影响和间接影响方式作用于移动设备知识服务过程。只有理清各因素之间关系，以及各情境因素以何种方式或通过何种途径影响移动设备知识服务过程，才能更好利用情境因素来优化知识服务过程。

如图 3-1 所示，各类情境因素之间存在错综复杂的影响关系，为了说明各情境因素之间的关系，以移动设备知识传播服务为应用场景，选取网络情境、用户情境、服务情境三类情境影响因素。由图 3-1 可知，从直接影响视角来说，网络情境中网络信号质量等影响着信息资源的显示类型，也会影响用户体验（田雪筠，2015）；服务情境中界面操作难易程度、系统交互操作便捷性以及服务友好性等影响着用户对于移动设备知识传播服务的体验，也即服务情境直接影响着移动设备知识传播服务的质量（俞姝玥，2019）；用户已有资源以及用户对于某种类型的知识偏好影响知识服务中知识的来源及类型；用户在知识服务型网站的活跃程度及用户对于移动设备知识传播服务的分享意愿，反映了用户对于移动设备知识传播服务的满意程度（李浩君等，2019）。从间接影响来说，网络服务的质量影响着服务质量，而服务质量直接影响用户对移动设备知识传播服务的满意度，使得网络情境通过服务情境影响移动设备知识传播服务质量（冉金亭，2018）。用户已有知识、用户特征等直接影响着系统对用户推送的知识来源及类型，而资源服务过程是整个知识服务的输出过程，影响着移动设备知识传播服务的最终效果，因此用户认知情境通过资源情境的个性化推荐过程间接影响整个移动设备知识传播的服务质量。

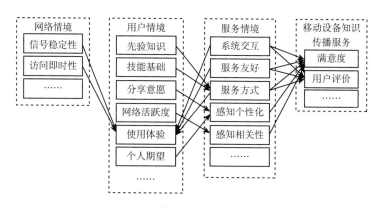

图 3 – 1　情境因素影响关系示例

除了移动设备情境因素之间的相互影响外，还有相关情境因素对用户行为的内在影响。例如，移动用户所处环境的动态变化，也可能在不同程度上导致用户的潜在需求变化（李静云，2013）。资源情境中内容情境的有用性是支持知识服务的基础，影响着用户的体验；资源情境中内容情境的精细化则影响着知识服务的个性化和针对性，直接影响着用户对移动设备知识传播服务的体验。服务情境中服务情境的标准化影响着用户在信息获取、利用、交流等操作过程中的便捷性和及时性体验；服务情境的个性化关系到用户对于信息检索、信息定制、信息推荐的个性化实现过程，从而影响移动设备知识传播服务的全面性与精准性等特征（马卓，2017）。

情境因素通过相互间直接性、间接性影响作用于移动设备知识传播服务全过程，同时，情境影响因素对用户行为的影响也在一定程度上影响着移动设备知识传播服务质量。因此，要探究移动设备下知识传播中情境影响因素的作用过程，不仅要考虑移动设备知识传播服务过程中的直接影响因素，而且需要关注各情境因素之间的作用关系，才能更好地理解情境影响因素的作用机理，才能有针对性地设计移动设备知识传播服务功能，从而提升知识传播服务效率。

3.3 移动设备知识传播服务情境影响因素表征

移动设备知识传播服务情境影响因素繁多，而设备服务能力有限，无法考虑所有情境影响因素。因此，移动设备知识服务过程中研究者需要依据情境影响因素选取原则，结合应用领域特性，选取影响性最大的核心因素。在确定领域相关情境影响因素后，深入分析知识传播服务过程中情境影响因素的作用，还要对情境因素进行形式化表征，因此本节主要对以上两个方面开展探讨和分析，以便为后续模型建构提供相关理论支持。

3.3.1 移动设备知识传播情境因素获取

1. 移动设备知识传播情境影响因素选取原则

移动设备知识传播服务情境因素选取原则是研究者选取契合本领域情境影响因素的依据和准则，尽管不同领域或不同场合下对情境影响因素的选取有不同要求，但在移动设备知识传播服务大环境下仍有一些普适性的选取原则可供参考。目前有关移动设备知识传播服务过程的情境因素选取原则可归纳为如下四方面。

（1）用户中心原则。这是确定情境影响因素的首要原则。"以用户为中心"，即所选择的情境因素要能即时反映用户的相关信息，如位置、信息需求等。在移动设备中，用户的个人信息对情境的产生与应用具有重要影响（黄园，2013）。知识服务与搜索引擎本质区别在于，知识服务能够推荐给用户最需要的相关知识，而搜索引擎由于没有对用户进行分析了解，因而通常无法满足用户个性化知识需要。

（2）易获取性原则。移动设备相比传统桌面计算机来说，在计算灵敏度、响应处理速度以及精度等方面存在不足，因此考虑到移动设备固有缺陷，在情境因素选择上需关注移动设备能否感知并获取到相关因素，从而避免选取移动设备无法感应的情境因素，造成实际使用过程的不便。这也是情境因素获取过程所要考虑的外部设备因素。

（3）典型性原则。移动设备本身存储空间不足的缺陷造成其在数据运行处理上的劣势。移动设备要考虑大量数据接收与处理问题求解能力。因此，在选取相关情境因素时，不能盲目选取信息和数据，造成系统运载过大，影响知识服务质量，而应结合用户中心原则，选取影响移动知识服务的关键典型因素。

（4）关联性原则。关联性针对情境因素本身。各情境因素并非单独直接对移动设备知识服务过程产生影响，而是存在相互之间的影响，从而直接或间接作用于整个服务过程。因此在选取相关情境影响因素时，还要考虑所选取因素的关联因素，从而更全面地考虑情境因素的影响作用。

2. 移动设备知识传播情境影响因素获取

移动设备知识传播中情境因素获取方式主要分为两类。一是从情境产生视角出发，利用显式、隐式以及推理方式从不同途径获取情境因素。如黄园（2013）通过物理传感器、用户手动设置以及其他信息服务平台等方式显式获取情境信息，通过对存储数据以及周围环境分析，使用推理方式间接获取情境因素信息。郭顺利（2015）采用阿多马克维尤斯（Adoma-vicius）等对情境信息的采集方法，通过用户手动输入实现情境信息显式获取，挖掘和推理已有情境数据信息来获取综合情境信息。陈美灵（2017）通过直接询问相关人士的方式实现相关情境因素直接获取，利用数据挖掘和统计推断方式实现综合情境信息获取。韩秀婷（2018）通过物理设备显式获取情境信息，并借助已有数据或周围环境隐式获取情境信息。焦念莱（2019）通过用户直接查询方式获取情境信息，在分析用户历史行为记录基础上，采用数据挖掘等方式获取所需情境信息；与此同时，他对各种获取方式存在的不足进行了论述，主要体现在显式获取存在用户排斥、隐式获取缺乏灵活性、推理获取实现过程较为复杂等问题。二是借助于应用系统信息处理功能获取综合情境信息。潘旭伟（2005）利用物理传感器、工作流管理系统等应用软件，结合外部信息源识别方法来获取直接情境信息，根据情境模型中定义的情境要素之间的关系来获取间接情境信息。蒋祥杰（2010）则通过互联网设备、工作流系统以及物理设备识别来获取直接情境信息，并以用户直接情境信息输入为基础，利用用户自定义规则、关系和约束实现用户间接情境因素识别与获取。韩秋影（2016）通过物理设备、应用软件以及其他信息源（如第三方软件或系统）实现直接情境信息获取，通过本体推理、约束推理、案例推理、规则推理等方式实现间接情境信息获取。

除上述移动设备知识传播服务情境因素主流获取方式外，部分研究者根据实际研究工作需要，采用其他情境获取方式以满足研究需要。张帅等（2014）将情境信息的获取分为用户主动输入、客户端与服务器端情境监测以及信息挖掘获取等方式综合应用。田雪筠（2015）则将情境影响因素划分为客观情境因素和主观情境因素，对于客观情境因素，主要采用外部设备感知获取，而对于主观情境因素则依赖于用户浏览记录。陈氢等（2018）从低层情境和高层情境入手，对低层情境采用用户自填、设置相关选项等显式方式或者利用已知的用户信息综合处理等隐式方式获取，而高层情境则采用情境推理方式进行获取。

3.3.2 移动设备知识传播情境因素形式化描述

情境形式化描述是实现情境信息由实体化向普适化转变的关键。由于移动设备知识传播服务过程情境影响因素多样化，结合相关研究成果（罗艳等，2019）以及移动设备知识服务情境影响因素选取原则，选定设备情境、网络情境、资源情境、服务情境、用户情境、社会情境、时间情境、管理情境为例，开展移动设备知识传播情境影响因素形式化表征研究。

设备情境可表示为 MD = {device_quality, device_perception}，具体如表 3 - 1 所示。设备情境是用户进行知识学习的重要介质，设备质量的高低直接影响用户对于服务的体验。同时，设备本身能否实现相关计算或界面操作，也直接影响着知识服务质量的高低。

表 3 - 1   设备情境因素形式化描述

标识	属性
device_quality	设备质量
device_perception	设备感知能力

网络情境可表示为 WEC = {web_signal, web_speed}，具体如表 3 - 2 所示。网络信号和网络速度等影响着用户对知识服务的体验，知识服务本身的友好性间接影响着用户对于知识服务的满意程度。

表 3 - 2　　　　　　　　　网络情境因素形式化描述

标识	属性
web_signal	网络信号
web_speed	网络速度

资源情境可表示为 MS = {ms_quantity, ms_quality, ms_accessible}，具体如表 3 - 3 所示。资源情境是移动设备知识服务中不可或缺的情境因素，资源质量的高低及资源数量的多少直接影响着知识服务效果。此外，资源本身的易得性在一定程度上影响着用户对移动设备知识服务的满意度。

表 3 - 3　　　　　　　　　资源情境因素形式化描述

标识	属性
ms_quantity	资源数量
ms_quality	资源质量
ms_accessible	资源易得性

服务情境可表示为 SER = {ser_mode, ser_function}，具体如表 3 - 4 所示。服务情境直接面向用户，是对移动设备知识服务系统状况的描述，包括系统交互性、友好性等特征状况。服务方式以及设备所具有的服务功能，直接影响着用户体验以及用户分享意愿。

表 3 - 4　　　　　　　　　服务情境因素形式化描述

标识	属性
ser_mode	服务方式
ser_function	服务功能

用户情境可表示为 UC = {user_name, user_sex, user_demand, user_prefer, user_cognition, user_motivaion}，具体如表 3 - 5 所示。用户情境是用户动机、知识偏好、认知、行动等与用户本身有关的因素。移动设备知识服务是以用户为服务对象，用户特征决定着服务过程及其服务方式。

表 3 - 5   用户情境因素形式化描述

标识	属性
user_name	用户姓名
user_sex	用户性别
user_demand	用户需求
user_prefer	用户偏好
user_cognition	用户认知
user_motivaion	用户动机

社会情境可表示为 SC = {social_relationship, social_features}，具体如表 3 - 6 所示。主要考虑用户社会关系、兴趣爱好以及行为特征等因素，这些因素会对用户知识分享意愿与学习动机产生影响。

表 3 - 6   社会情境因素形式化描述

标识	属性
social_relationship	社会关系
social_features	社会特征

时间情境可表示为 TC = {time_season, time_month, time_minute}，具体如表 3 - 7 所示。主要用于表示用户在移动知识服务所处的时间段。此外，时间情境可划分为瞬时情境和持续情境。瞬时情境指持续时间较短的情境，如特定知识服务活动的具体时间点等信息；持续情境一般比瞬时情境持续时间要久，如知识服务持续的季节以及月份等信息。

表 3 - 7   时间情境因素形式化描述

标识	属性
time_season	季节
time_month	月份
time_minute	具体时间

管理情境可表示为 MAC = {mac_perform, mac_port, mac_privacy}。管理情境包括系统性能、服务端口、隐私权限等方面内容，具体涉及知识服务过程的维护与保护等方面信息，具体如表 3 - 8 所示。

表 3 - 8　　　　　　　　　　管理情境因素形式化描述

标识	属性
mac_perform	系统性能
mac_port	服务端口
mac_privacy	隐私保护

　　上述移动设备知识传播服务情境因素存在明显交叉关系，如管理情境和服务情境，都有系统性能方面的管理或服务功能，但二者又有不同之处，如管理情境还包括隐私权限等，而服务情境则包含服务质量高低等方面的内容。在实际研究过程中，要根据研究领域及应用对象，合理选择适合研究场景的情境影响因素。

3.4　移动设备知识传播情境影响因素模型构建

　　在对移动设备知识传播服务过程情境因素的分类、获取以及形式化描述研究基础上，本节从移动设备知识传播服务过程情境因素影响机理视角，构建移动设备知识传播服务情境影响因素模型，探究移动设备知识服务中的情境影响因素工作机理。

3.4.1　知识传播情境因素模型建构理论

　　本章以计划行为理论与技术接受模型作为模型建构指导理论。计划行为理论为移动设备知识传播服务中情境影响因素获取、处理以及情境影响因素之间的关系分析提供了良好的思路与扎实的理论支撑；技术接受模型为从环境设备视角分析用户偏好等因素提供新思路。

　　计划行为理论是借助期望价值理论，从信息加工视角出发，来解释个体行为决策过程。该理论认为决定行为本身的直接性因素是行为意向，同时知觉行为控制、主观规范、行为态度又直接决定了行为意向本身，也就是说行为态度、主观规范、知觉行为控制通过影响行为意向间接影响个体实际行为（林琳等，2014）。此外，计划行为理论主要观点有（于晓龙，2015）：

（1）决定行为意向的三个主要变量是行为态度、主观规范及感知行为控制，态度和其他人支持对感知行为控制成正比，而行为意向则与感知控制行为成反比。

（2）大量行为信念存在于个体之中，但在特定情境及时间下，仅能获取少部分行为信念，所获取的行为信念称之为显性信念，这是行为态度、主观规范、直觉行动控制的情感与认知基础。

（3）个人及所处社会文化等因素通过影响行为信念间接影响感觉行为控制、主观规范、行为态度，从而影响行为和行为意向。

（4）感觉行为控制、主观规范、行为态度三者可能有共同信念基础，但在概念上又彼此独立。

技术接受模型是戴维斯（Davis）等在1989年提出并用于用户对信息技术接收程度进行解释和预测的模型，该模型将社会心理学中理性行为理论运用到管理信息系统，利用外部变量、内在信念、主观态度等来预测和解释用户对技术的接受程度。技术接受模型存在两个结构因素：感知有用性和感知易用性。感知有用性是用户个人主观上认为某一系统或平台能有效帮助提升自身工作绩效等；感知易用性是用户个人主观上认为使用某一设备或平台所需消耗的能力、精力等。一般情况下，用户的感知易用性与用户运用过程态度及感知有用性成正比，用户的感知易用性越高，其使用态度及感知有用性也会较高。即技术应用或界面操作相对易用，用户就会感觉用途较高（高芙蓉，2010）。此外，态度在一定程度上也影响用户对技术的使用，同时感知易用性和感知有用性也影响着用户态度（张国华等，2015）。

3.4.2　移动设备知识传播情境影响因素模型设计

综合分析移动设备知识传播服务过程情境影响因素的相关研究，本章构建了移动设备知识传播服务情境影响因素模型。如图3-2所示，移动设备知识传播服务目标是使用户借助移动设备能得到实时、准确的服务内容，知识服务系统（平台）需要不断获取和更新用户、设备、环境等维度情境信息，并整合所获取的各种情境信息，结合系统（平台）服务功能实现知识服务内容精准化和个性化目标。

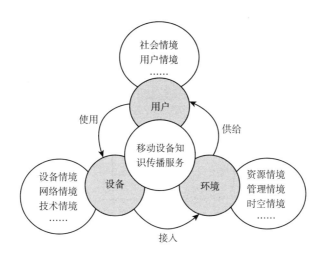

图3-2 移动设备知识传播服务情境影响因素模型

依据情境在移动设备知识服务中所起的作用和影响过程，移动设备知识传播服务情境影响因素模型以用户、设备、环境为核心，通过情境信息识别、获取与处理等操作，实现移动设备支持下的知识传播服务。其中用户维度包括用户情境、社会情境等，聚焦对用户有直接或间接影响的情境信息；设备维度包括设备情境、网络情境、技术情境等，主要用于支持实现移动设备知识服务的相关软硬件情境；环境维度包括资源情境、管理情境、时空情境等，反映用户所处环境的相关情境信息。用户借助移动设备发送个人服务需求，设备在感知用户相关情境信息后，分析外部环境情境信息，经过相关算法处理，为用户提供较为合适的服务内容，用户在接收相关服务内容后，再次发送相关服务需求或执行其他操作，设备进行再次感知，同时再次整合相关环境情境信息，算法根据变化后的情境信息修正服务供给内容。移动设备知识传播服务情境匹配工作机理如图3-3所示，移动设备知识传播服务情境匹配是柔性、动态和不断演变的过程。服务期间无论用户知识需求、知识供给还是知识接受在与移动设备知识传播服务情境交互作用中会产生不匹配现象，但随着移动设备应用服务情境要素不断丰富和完善，不同情境主体之间相互感知、改造和优化，会逐渐提升情境要素之间的匹配度。对移动设备知识传播服务情境匹配工作原理进行深入分析可知，知识传播服务过程中存在着用户与设备匹配、设备与环境匹配以及环境与用户匹配的三类场景，这三类场景中会存在匹配富余与不足问题，移动设备知识传播服务要采取增强匹配、均衡匹配以及弱化匹配等相关策略，最终使用户行为、移动设备、服务环境之间形成"用户—设备—环境"三维度匹配的知识传播服务模式。

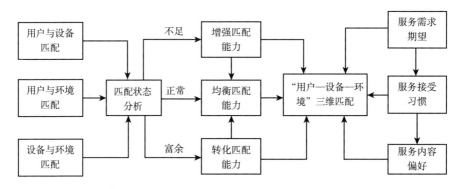

图3－3 移动设备知识传播服务情境匹配工作机理

本章小结

移动设备知识传播服务情境因素影响着服务质量与用户体验，本章从不同维度对移动设备知识传播服务情境的影响因素进行深入分析，开展了情境影响因素形式化描述研究，建立移动设备知识传播服务情境影响模型，阐述移动设备知识传播服务过程的情境影响机理。

第4章　活动理论视角下移动设备知识推荐服务研究

活动理论充分体现以用户为中心的服务理念，注重人在活动中的主体地位，从活动入手能较好地研究主体心理发生与发展问题，更好地分析社会交互过程中的组成要素及其特征，对社会实践活动机理研究具有重要的指导意义。本章在分析活动理论应用于知识推荐服务研究现状基础上，阐述活动理论的基本内容，构建活动理论视角下移动设备知识推荐服务体系，开展移动设备知识推荐服务体系中情境本体建模研究。

4.1　研究现状与可行性分析

自20世纪20年代维果斯基等学者提出活动理论以来，列昂捷夫（Le-ontiev）、恩格斯托姆（Engestrom）等学者对活动理论进行了深入研究并逐步走向多元化应用，对心理学、情报学以及教育学等多个学科应用领域相关研究工作的开展有着重要的指导作用。思巴瑟（Spasser，1999）将活动理论应用于情报学领域，为情报学领域中信息服务系统构建、功能使用、因素分析以及服务优化等方面的研究工作开展提供了理论指导框架。技术发展使得传统信息服务逐步演变为移动互联网时代知识服务，服务环境、对象、需求、内容及方式等都产生了较大变化，需要重新审视活动理论对移动互联网时代知识传播服务理论研究的指导作用。本节主要聚焦活动理论应用和知识推荐服务研究现状分析，探讨从活动理论视角研究移动设备知识推荐服务的可行性。

4.1.1 活动理论应用研究现状分析

活动理论以活动主体、情境、工具以及规则要素研究为核心，从解释活动中主体与对象关联关系研究到多元文化视角下社会活动机理分析，活动理论应用模式以及服务领域正朝着多元化方向发展。

在情报学应用领域，活动理论应用主要关注模型系统的构建、分析框架的设计以及信息行为的实证分析等方面的研究工作（Wilson，2008）。模型系统构建领域研究聚焦于将活动理论作为概念框架设计指导理论。洪闯等（2019）从活动理论视角构建社会化问答平台用户知识协同模型，揭示社会化问答平台用户知识协同工作机理；米斯拉等（Mishra et al.，2015）采用解释性方法，将活动理论作为分析框架，证明了活动背景与个体差异会影响决策模式和相关信息行为的选择。框架分析与设计研究方面聚焦于将活动理论与定性分析范式相结合来研究新框架（孙晓宁等，2018）；张莉等（2013）利用活动理论，对主体的多种核心要素进行阐述，构建了合作式信息素质教育活动系统框架并开展了相关的教学活动设计研究；李留成等（2014）通过分析现有的相关文献内容，借助信息生态学和活动理论的相关概念，构建了一个可用于数字图书馆设计和开发的研究框架。信息行为的实证分析领域研究聚焦于利用活动理论对特定信息现象进行分析与解释。盖晓良等（2015）从活动理论视角构建研究生学术查寻行为模型，有助于分析研究生学术信息检索行为特征以及潜在规律；马格努森等（Magnuson et al.，2013）利用活动理论对学生使用 Web2.0 工具时发生的活动模式数据进行分析和解释，得出 Web 2.0 工具可增强学生信息素养。在教育学应用领域，活动理论应用主要关注学习环境设计、网络课程分析、移动学习模式设计等方面研究工作。学习环境设计研究方面聚焦于学习环境构成要素及其关系分析，胡海明等（2014）针对在线学习环境中存在的问题，从活动理论视角提出了在线学习环境关键特征及其设计模式，并对个人学习环境活动类型进行分类研究；乌登（Uden，2007）从活动理论视角分析移动学习环境中所涉及的各类对象、工具、规则及其相互关系，并以活动理论为指导设计了情境感知型移动学习环境。网络学习领域聚焦于学习活动要素及其过程机理分析，卡拉萨维迪斯（Karasavvidis，2009）分析了网络教学系统中存在的各种问题，从活动理论视角将这些问题概括为活动客体内部矛盾、工具与活动客体间矛盾以及活动客体与后活动客体间矛盾；刘暖玉等（2017）以中国大学 MOOC 平台《现代教育技术》课程为例，从活动理论视角出发研究该网络课程活动开展过程中所关注的要素及工作流程，提出了网络课程设计要点及其注意事项。移动学习聚焦于移动学习服务支撑系统以及学习模式设计研究，祖里塔等（Zurita et al.，2004）针对小学数学课程学习中存在的问题，以活动理论为指导，开发了移动计算技术支持下的合作学习系统并展开实证研究；李甦等（2018）在分析移动学习工作机理基础上，从成人学习需求以及活动理论视角分析和研究服务于成人的移动学习系统。

随着活动理论在人类社会活动要素分析与模式设计应用研究方面的作用日益凸显，面向图书馆、企业管理、智慧医疗以及智慧旅游等领域的移动互联网知识服务活动研究也不断深入，从活动理论视角分析移动设备知识推荐服务中用户情境信息与知识资源匹配方式的交互性设计，关注服务过程中工具使用、用户共同体合作以及任务分工等要素，开展活动理论视角下知识推荐服务研究已成为研究热点。

4.1.2　知识推荐服务研究现状分析

知识推荐服务源于个性化推荐服务理念，早期推荐服务主要涉及新闻素材剪辑、股票市场的预估报价等内容（许应楠，2012）。近年来推荐服务思想被广泛应用于知识服务领域，使得知识推荐成为互联网信息服务领域的重要研究内容。

目前知识推荐服务研究主要聚焦于知识推荐系统、知识推荐算法以及个性化知识推荐应用等方面。李广正等（Li G et al.，2010）设计了基于知识图谱的视觉知识推荐服务系统，该系统扩展了传统主题图的结构，增强了其推理功能。盛家根等（Shen et al.，2010）挖掘用户模型与知识属性特征之间的关联关系，构建了基于用户模型的知识推荐服务系统；魏素云等（Wei et al.，2012）针对个性化推荐系统中数据稀疏和相似度不高的缺陷，提出基于项目类别相似度和兴趣度度量的协同过滤推荐算法，能有效缓解推荐系统数据稀疏性问题，提升知识推荐服务精准性；种大双（2013）利用协同过滤推荐算法，构建了基于云计算的语义知识库和以用户为中心的个性化推荐系统模型，使知识推荐服务能够与当前大数据计算要求相匹配，与用户个性化的服务需求相吻合；李荟（2014）将主动知识服务技术引入知识推荐服务系统中，融合基于情境知识需求模型的协同过滤推荐算法，开展主动知识服务推荐研究；李浩君等（2017）将协同过滤算法和二进制粒子群算法两者整合为自适应二进制粒子群算法，并将其应用于学习资源推荐领域，从多维特征差异匹配视角提出一种新型的个性化学习资源推荐算法；丁梦晓等（2019）提出了以 LDA 主题分布、引文结构网络、特征词分布为核心的学术资源模型，通过分析用户行为数据来设计用户学术资源兴趣模型，构建以用户兴趣模型与学术资源模型相匹配的知识推荐系统；张若兰（2019）将用户画像技术用于知识推荐服务领域，结合图书馆情境化知识推荐服务需求，设计情境化知识推荐服务系统；王冬青等（2019）针对当前个性化学习辅助系统难以解决非结构化学科知识学习的问题，从语义层次对非结构化学科知识进行阐述和展现，以此为学习者提供较为完整的个性化习题推荐服务。

知识推荐服务主要目的是让移动用户可以利用碎片化时间浏览并获取所需知识。随着人工智能、大数据、云计算等前沿技术发展，各领域知识数量急剧增加，知识获取方式也更加多样化，也使得知识易得性与知识冗余性之间的矛盾日益突出。知识推荐服务过程应充分考虑用户的知识需求、行为特征以及知识偏好等，通过对现有协同过滤、用户画像、知识图谱等知识推荐算法改进和优化，对解决互联网时代知识推荐服务知识筛选与过滤问题起到一定的帮助作用，但互联网快速发展背景下用户知识获取环境以及行为方式发生了巨大变化，只有对用户知识行为深入认识，构建合理的知识推荐服务体系，才能为用户提供更加精准的个性化知识推荐服务。

4.1.3 活动理论视角研究可行性分析

从活动理论视角研究知识推荐服务，不仅可以解决传统知识推荐服务中仅关注推荐技术本身而忽视了知识推荐服务组成要素之间关联性的问题，而且从活动视角研究更符合知识推荐服务本质，推动移动互联网知识推荐服务研究的深入和理论的发展。活动理论在相关领域的成功应用也为移动互联网知识推荐服务研究提供了经验借鉴，活动理论视角下开展知识推荐服务研究可行性体现在以下四个方面。

1. 知识推荐服务研究领域符合活动理论应用场景特征

移动设备知识推荐服务重视用户之间以及用户与社会文化情境之间的关联属性，用户与周围环境关联研究有利于更加准确地获取用户相关信息，从而使知识推荐服务更加精准和高效。推荐服务过程中强调用户的主体特征，落实"以用户为中心"的服务理念，用户借助移动设备参与知识推荐服务活动，从外部知识获取活动内化为心理认知活动，主动建构自身知识体系，并且用户在知识推荐服务交流与互动过程中遵守相应的规则，形成知识交流分享及推荐的知识服务共同体。因此，移动设备知识推荐服务中具备活动理论应用场景的主体、客体、共同体、工具、规则以及分工等场景特征。

2. 活动理论应用案例为知识推荐服务应用提供丰富素材

活动理论不仅会根据时代发展和需求变化进一步完善和发展，而且其在多领域的广泛应用也为知识推荐服务应用提供充实的案例素材和理论支持。从案例中可以获知活动理论视角下应用场景创设、服务体系构建以及工作机理分析等方面的研究思路和研究框架，有助于推进活动理论在知识推荐服务领域的有效应用，为研究者提供全方位和深层次的活动理论应用研究范式。丰富的活动理论应用案例是领域研究工作者思路启迪、内容创新的重要源泉，为移动设备知识推荐服务理论研究和发展提供有力支撑。

3. 活动理论视角下知识推荐服务应用具备先进多样的技术支持

表4-1列举了面向知识推荐服务领域的信息技术名称及其功能作用，丰富的技术和多样的功能不仅使得跨时空知识交流与共享成为现实，也为活动理论视角下知识推荐服务工具、规则以及分工要素实现提供了技术保障；而且使得知识推荐服务资源深层次加工和分析成为可能，同时也使得整合后的资源具有较好的系统性、连续性和科学性，为活动理论视角下知识推荐服务客体要素提供了充实的资源保障，创设了活动理论视角下互联网知识共享与创新服务的条件。

表 4 – 1 　　　　　　　面向知识推荐服务领域的信息技术

信息技术名称	功能作用
本体技术	①进行知识组织；②构造知识库；③实现语义检索；④对用户进行交互式地导航
自然语言处理技术	①实现知识服务人机交互；②对用户需求进行分析；③常见问题自动响应
语义 Web 技术	①应用知识标识语言；②对知识库及其对象进行语义描述；③对用户需求进行语义分析；④为知识服务中任务或服务自动分配提供技术支持
数据采掘技术	①从大量不完全、模糊的原始数据中识别和提取潜在的、有效的、新颖的信息和知识；②用于用户潜在需求的析取和挖掘
推送技术	①根据用户需要，在指定时间内把用户选定的数据自动传递给用户；②实现知识信息的主动推送

4. 活动理论视角下知识推荐服务效率提升的迫切需求

用户需求是开展知识推荐服务工作的重要依据，移动互联网时代的用户对知识获取表现出强烈渴望（张海涛等，2014）。用户不仅具有较高的信息获取能力，善于利用各类检索工具，而且用户希望能够随时随地以各种便捷的服务方式获取个性化知识推荐内容，因此知识推荐服务需要提供具有高度友好的人机交互服务界面、服务渠道以及服务内容等。活动理论视角下知识推荐服务以活动推进服务供给、以活动理论重构知识推荐服务体系，相较于传统知识推荐服务优势更加明显，用户对该知识推荐服务寄予较高希望，自然使该知识推荐服务用户群体数量庞大，服务效率提升成为用户迫切需求。

4.2　活动理论概述

活动理论由维果斯基率先提出，是苏联社会文化领域主要理论成果之一，主要是在一定的历史文化背景下对人类活动进行研究。活动理论将"活动"作为逻辑起点和内容核心，对人类心理的发生发展问题进行解释和研究（杨婷婷，2013）；活动理论聚焦于活动主体、客体、工具及其相互关系，被广泛应用于互动型服务场景工作机理分析研究。下面从发展过程、基本内容、主要特征以及发展趋势四个方面系统地阐述活动理论相关内容。

4.2.1 活动理论的发展过程

活动理论共经历了三个阶段的演变与发展，逐渐形成了内容相对完整、观点较为明确的理论体系。活动理论本质上是一种面向应用场景的分析框架，具有很强的跨学科应用服务潜能，其作为社会活动组成要素及工作机理分析的重要理论，不仅可以作为理论框架指导个体层面的活动，而且也可以解释社会活动层面的各种现象。

1. 第一代活动理论

以维果斯基为代表的研究者强调工具在社会活动中的中介调节作用，认为人类社会活动并不是由刺激直接引起，而是受到刺激之外工具的影响才产生活动；社会活动中的工具既是技术工具，用于改造活动客体属性，又是心理工具，用于改造活动主体思维，这表明了活动理论中工具的双重作用思想（Wells，2002），形成了第一代活动理论主要内容，第一代活动理论模型如图 4 - 1 所示。

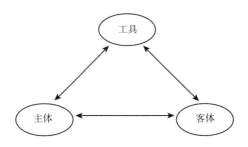

图 4 - 1 第一代活动理论模型

2. 第二代活动理论

以列昂捷夫为代表的研究者强调社会活动研究应凸显对象主导思想

策略（Leontiev，1981）。第二代活动理论认为活动本质特征是对象性和社会性，强调意识与活动统一性原则；不仅关注活动理论应用中个体活动和集体活动研究的差异性，而且提出了活动层次结构思想，引入了规则、共同体和分工等要素（马双，2008），考虑个体与共同体成员之间的关系，通过规则和分工协同来完成群体活动。第二代活动理论模型如图4-2所示。

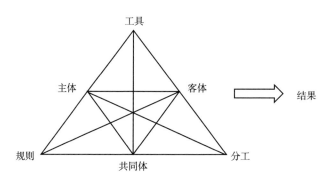

图 4-2 第二代活动理论模型

3. 第三代活动理论

以活动理论的领军人物恩格斯托姆为代表的研究者关注活动互动研究内容，强调社会活动多视角研究思想。以主体、客体、共同体、工具、规则和分工等要素组成的活动是最基本的交互单元，活动各要素是动态变化的（Engestrom，1995）；活动理论不仅要关注活动内部要素动态交互性，而且要关注活动单元之间的互动交互性（Engestrom，1999）；他们认为内部活动与外部活动能相互转化，内外部活动之间存在相互影响（Engestrom，2001）。第三代活动理论互动模型如图4-3所示。

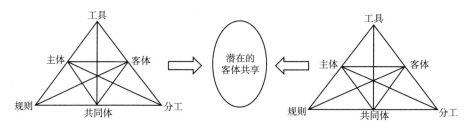

图 4-3 第三代活动理论互动模型

4.2.2　活动理论的基本内容

活动系统作为活动理论研究的最基本单元，具有整体性、建构性、创造性、阶段性、历史性以及多声性等特征，由主体、客体、共同体、工具、规则与劳动分工六要素组成，包括生产、分配、交换和消耗四个子系统（高洁，2012）。活动系统组成及其关系体现了活动理论的基本内容，活动各要素之间紧密联系、相互协作共同完成各项活动内容。

1. 活动的组成要素

活动理论认为活动由主体、客体与共同体三个主要因素以及工具、规则、劳动分工三个次要因素组成，各要素之间相互联系，相互影响，结构如图 4 - 2 所示（程志等，2011）。活动系统中的活动主体既是活动的执行者，又是整个系统的行为个体，活动主要是围绕着主体来进行。活动客体是活动主体通过活动来操作转化和影响的对象，是整个系统的结果和目标导向，活动客体既可以是抽象的观念客体，也可以是具体的物质客体（程志等，2011）。活动客体在工具支持下可以被活动主体转变为结果，以活动客体为指向来凸显活动意图。共同体是活动过程中主体所参与的群体，由活动系统中参与活动的人员组成（万力勇，2019）。工具作为活动开展的媒介，可以是抽象的或具体的，它是客体在被转换的过程中所使用的任何东西，其将主体与客体联系起来，即工具是主体将客体进行转换的方式和手段。规则是对活动过程进行明确规定和约束的行动准则和规范，它起到联系主体与共同体的纽带作用以及个体之间相互关系的制约作用（李晨阳，2017）。劳动分工是指在实现活动目标过程中，共同体成员需要担负的自身责任，即对参与活动系统的人员进行合理分配以完成各自的工作（张芳，2017）。

2. 活动的系统属性

社会活动涉及不同的服务目标，承担着不同的服务任务。人类活动系统中由生产子系统、分配子系统、交换子系统以及消耗子系统四部分组成，生产子系统可以将客体进行转化而达到活动目标，是最重要的子系统，其余三个子系统均服务于生产子系统（项国雄等，2005）。活动理论认为整个活动系统中活动具有生产、分配、交换以及消耗四个子系统属性。

生产子系统包含活动主体、工具和客体三个要素，即主体、客体和工具之间的互动。在活动系统的发展过程中，主体利用作为"中介"的工具与客体进行交互后，将客体转换为结果，从而达到活动目标，实现活动系统意图。交换子系统涉及活动主体、规则和共同体三个要素，即主体、规则和共同体之间的互动。共同体成员与主体之间借助规则对行为进行约束，由两者对规则的使用以及良好的沟通协作来调节整个活动系统。消耗子系统由活动主体、客体和共同体构成，即主体、客体和共同体之间的互动，对生产子系统起到直接的支撑作用（张芳，2017）。主体和共同体采用某种交互方式对客体产生影响，通过消耗能量和资源并利用中介工具与约束规则等推动客体朝向活动结果方向发展，而同时主体和共同体交流也以系统为依托。分配子系统依靠共同体、劳动分配和活动客体三个要素连接，即共同体、分工和客体要素之间的互动。主体在共同体内部执行任务时，需透过共同体内部的纵向地位设定和横向任务分配来协同达成活动目标，共同体通过对任务进行合理分配来作用于客体，即根据社会规则和规范，在客体转化为结果的过程中对共同体成员进行分工，从而实现既定的活动目的（Tiko et al.，2018）。各子系统之间的关系如图 4 − 4 所示。

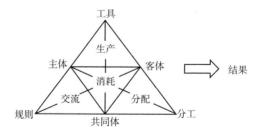

图 4 − 4　活动系统结构示意

3. 活动的层次结构

活动具有层次性，具体包含活动、行为和操作三个层次要素，与之对应的是动机、目标和条件三个引导要素，具体关系如图4-5所示。活动由一系列以目标作为导向的动机构成，动机的实现需要依赖于一系列行为的完成，而行为的实现又需要一系列具体的操作来完成，而操作完成需要具备一定的条件（Jonassen，1999）。随着活动进行以及活动熟练程度增加，活动可分解成一系列具体行为，行为又可进一步分解为一系列具体操作，行为也可能直接成为操作。活动、行为和操作之间关系是可逆的、动态的（戴维·H. 乔纳森，2002）。

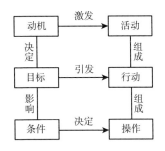

图4-5　活动的层次结构关系

资料来源：Wilson（2006）。

4.2.3　活动理论的主要特征

1. 活动具有内化与外化相互转化的能力

活动理论认为活动可分为内部活动和外部活动，两者之间相互依存相互转化。外部活动转化为内部活动过程称为内化，内部活动转化为外部活动过程称为外化（杨婷婷，2013）。每个活动都体现了外部活动内化和内部活动外化的过程，也反映出活动主体与客体是相互作用的双向关系。活动理论中内化和外化过程是同时并存的，活动的内在变化不能离开外部活动而存在（曾家延，2016）。

2. 活动是动态发展的过程

系统论视角认为活动是一个整体，需要依赖特定社会历史环境才能进行，活动组成要素会根据环境的改变而变化，而人类活动也会对环境产生影响，促使环境因素发生改变（杨婷婷，2013）。活动持续进行会产生质的变化，比如活动各要素矛盾冲突加剧，个体活动转向集体活动，活动目标单一性也会转变为复杂性，活动模式也会更加多样，活动具有动态发展变化特征。

3. 活动以工具作为中介

活动理论强调工具对主体和客体的影响作用，将工具作为活动中介，是活动开展不可缺少的必备要素，对主体目标实现和客体成果转换过程起到调节作用；工具也会对共同体活动参与和分工实施产生影响，工具合适与否会影响活动实施效率。作为活动中介的工具不仅可以改变人类活动性质，而且工具使用也会对个体外部行为以及内部心理机能发展产生影响（刘咪，2017）。

4. 活动要素存在不平衡状态

活动不仅会受到环境中各种变量作用影响，还会受到其他活动实施的影响，外界相关影响因素产生与变化都会让活动内部各要素处于冲突和不平衡状态。活动理论要素冲突和不平衡状态是活动得以发展的动力和来源，活动发展过程就是在矛盾和冲突中寻找再平衡的过程（曾家延，2016）。

4.2.4 活动理论的发展趋势

第三代活动理论代表人物恩格斯托姆从多元论视角对活动理论框架进行重构，使活动理论体系更加完备、内涵更加丰富、应用领域更加广阔，成为人类社会活动分析主流应用理论和普适性的方法体系（柳叶青，2017）。随着活动理论研究的深入和服务需求变化，活动理论发展趋向表现在情境信息融合、工具互动协作、主体特征匹配、研究理论深化四个方面。

1. 多维情境信息融合助推活动理论服务科学化发展

活动情境信息对活动主体实施和客体转换有重要影响，目前活动理论研究者已经开始将活动场景与泛在社会情境相关联，探索活动场景中各类情境信息对活动实施的影响，从多维情境信息融合视角研究活动理论应用模式。恩格斯托姆（Engestrom，1999）认为结合情境属性的活动才能够作为活动理论分析的基本场景。活动理论使用过程中不仅要关注应用领域活动本身的各类情境特征，而且要关注活动主体、客体、共同体以及工具的社会情境特征。

2. 从互动协作视角丰富工具对主体和客体的调节作用

从早期功能单一的物质工具发展到符号表示、语言传递等服务集成的多功能工具，工具要素一直是活动理论研究内容的重要组成部分。以便携式智能服务系统为代表的各类工具广泛使用，使得社会活动工具要素服务能力得到极大提升；互联网环境下主体借助工具能更方便、快速地实现交流、分享以及推送服务，活动周期大大缩短；互联网环境下客体也会借助工具，使各类服务能更快地转换为成果并递送给服务者。从互动协作视角对活动理论工具要素重新认识是对活动理论的充实和丰富。

3. 关注活动理论主体特征匹配对活动要素作用的影响

活动实施效率高低取决于主体需求满意程度，传统活动理论仅仅考虑主体、客体、共同体、工具、规则以及分工协同完成活动，忽视了主体特征与其他要素服务匹配度。只有更全面考虑主体特征，才能以活动对象化方式定义主体自身（Hakkarainen P.，2004）。移动互联网时代更加追求活动个性化与内容匹配化，活动理论只有关注主体特征与活动要素服务匹配性，才能更好地服务于移动互联网环境下各领域的应用研究。

4. 从个体需求到矛盾发展的内在动力转变促进理论深化

随着研究内容丰富和活动机理认识深入，活动发展动力从注重个体自身发展向注重系统内外部矛盾发展转变。传统活动理论仅关注活动个体心理发展，认为活动实施动力由个体内部需求激发。第一代活动理论的代表人物维果斯基提出"满足需要的内驱力"和"适应现实的内驱力"是活动实施动力，认为这两种内驱力相互促进，彼此依存。第三代活动理论代表人物恩格斯托姆则从矛盾论视角和发展动力学视角对活动理论研究进一步深化，认为事物发展是矛盾冲突解决的发展过程，内外部矛盾冲突是活动发展的主要动力，作为活动分析关键要素之一的矛盾在活动中处于中心地位。

4.3 活动理论视角下移动设备知识推荐服务体系

发挥大数据、云计算、人工智能等新兴技术服务优势，借助互联网环境下移动设备的情境感知服务功能，移动设备知识推荐服务将具有广阔的应用与发展前景。只有向用户提供高效精准的个性化知识推荐服务，才能更好地满足用户实际需求。移动设备知识推荐服务是典型的人机交互活动，其主要是借助移动设备的情境感知功能来满足用户知识需求。从活动理论视角能更好地设计和分析该知识推荐服务过程，参照活动理论构成要素及各要素之间的关系，本书将活动理论应用于知识推荐服务过程，提出活动理论视角下移动设备知识推荐服务体系，如图4-6所示。

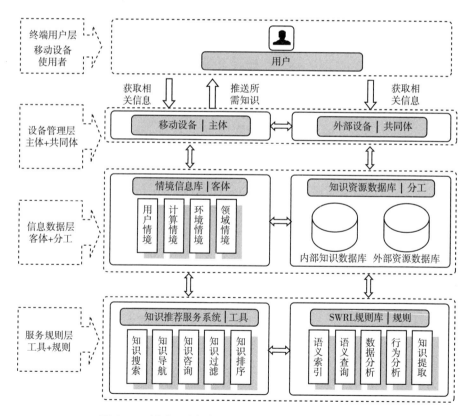

图4-6 活动理论视角下移动设备知识推荐服务体系

4.3.1　知识推荐服务体系基本框架

活动理论视角下移动设备知识推荐服务体系基本框架包括四个层次和七个要素，四个层次分别是用户层、设备管理层、信息数据层和服务规则层；七要素又分为三个核心要素（移动设备、外部设备与情境信息）、三个中介要素（规则、工具与分工）以及一个独立要素（用户）。下面对构成要素做详细的说明。

1. 用户

用户是知识推荐服务活动中的独立要素，是移动设备知识推荐服务的需求者，也是知识推荐服务活动情境信息的提供者。移动设备知识推荐服务体系应该根据用户需求信息不断完善，丰富服务功能与服务方式，使知识推荐服务与用户需求更加匹配。

2. 移动设备

移动设备是知识推荐服务活动中的主体要素，是用户活动意愿的体现。知识推荐服务活动过程中移动设备可以获取用户的情境信息，并将情境信息传递至用户情境信息库，经过一系列信息分析与处理，知识推荐服务系统将处理后最符合用户需求的知识内容传递到用户移动设备。

3. 情境信息库

情境信息库中的各种情境信息是知识推荐服务活动中的客体要素。客体在活动中需要被转化为结果，在知识服务活动中，移动设备对混乱复杂的情境信息进行初步处理，然后将情境信息传送至情境信息库进一步处理，在知识推荐服务系统中通过相关工具进行转换。

4. 外部设备

外部设备是知识推荐服务活动中的共同体要素。移动设备与外部设备共享各种情境信息，外部设备获取相关情境信息后，与知识推荐服务系统共同对其进行处理加工，提升情境信息获取和加工效率。

5. 知识推荐服务系统

知识推荐服务系统是知识推荐服务活动中的工具要素。工具指的是主体将客体转化为结果时所使用的各种方法，这些方法和手段主要在知识推荐服务系统中发挥作用，在该系统中利用相关的方法手段对知识进行搜索、导航、咨询、过滤和排序后，将用户所需的知识通过移动设备推送给用户。

6. SWRL 规则库

SWRL 规则库是知识服务活动中的规则要素。规则是指在知识推荐服务活动中根据实际需求对推理规则进行设计，对获取的情境信息进行分析与推理需要借助 SWRL 规则库。利用 SWRL 规则库开展语义索引和查询操作，结合对用户数据和行为的分析，实现从知识资源数据库完成知识提取并将其反馈给知识推荐服务系统的目标。

7. 知识资源数据库

知识资源数据库是知识推荐服务活动中的分工要素。活动分工是指在参与知识服务活动的过程中，移动设备与外部设备的情境感知装置、存储器、服务器等活动共同体能够进行合理的分配，承担各种不同的任务。内部知识资料库和外部资源数据库可分别存储移动设备和外部设备各自所具有的知识信息，在知识资源数据库中可以对两者进行分工，从而对数据库不断地扩充和完善。

4.3.2　知识推荐服务体系情境要素

情境信息作为活动理论视角下移动设备知识推荐服务体系中的情境要素，贯穿于整个知识推荐服务过程中，对体系中各要素连接起到重要的黏合作用。将情境信息引入知识推荐服务过程中，可以提高知识推荐服务的精准性（刘海鸥，2014）。情境信息是移动设备与外部设备需要共同处理并转化为知识服务内容匹配的特征对象，包括用户情境信息、计算情境信息、环境情境信息以及特定的领域情境信息等（Schilit B. et al. ，1994）。

用户作为移动设备知识推荐服务的使用者，可以提供相关的输入型情境信息，这是用户获取知识服务内容最基本的需求信息。移动设备、外部设备作为知识推荐服务中的主体与客体，需要按照既定的规则来处理和分析情境信息，这是确保个性化知识推荐服务结果相对准确的关键。移动设备获取情境信息并进行处理后，需要将情境信息传送到情境信息库，这是获得相对准确的个性化知识推荐服务结果的前提。情境信息在数量上的增多和内容上的丰富，大大增加了信息处理的复杂度，只依靠移动设备难以对情境信息进行深入准确的处理，如果对任务进行合理的分工，处理的过程和结果将会更加高效和优质，因此应该将任务合理分配给外部设备，使其与移动设备内外结合，共同完成所获取情境信息的处理工作，从而提升知识推荐服务过程中的情境信息处理效率。知识推荐服务系统利用相关工具可以对情境信息进行处理转化并对特定活动下的规则和任务分工进行优化。SWRL 推理规则库依据自定义推理规则可以对情境信息进行推理，最后依据推理结果在知识资源数据库查找与用户需求以及情境最匹配的知识并推送给用户。

4.3.3　知识推荐服务体系的层次关系

活动理论视角下知识推荐服务体系包括终端用户层、设备管理层、信息数据层以及服务规则层。各层之间分工合作、相互关联、相互支持，共同完成移动设备知识推荐服务活动。

1. 终端用户层

终端用户层包括参与移动设备知识推荐服务活动的各位用户，是服务体系中独立的工作层。该层为知识推荐服务活动提供各类情境信息，是开展知识推荐服务活动的必备条件。

2. 设备管理层

设备管理层对应活动理论的主体和共同体要素，主要负责对用户持有的移动设备以及协同工作的外部设备进行管理，协调用户终端设备与外部设备协同交互操作，获取和处理活动相关的情境信息，是为用户提供高效率知识服务的前提和基础保障。

3. 信息数据层

信息数据层对应活动理论的客体和分工要素。该层也称为资源层，主要对相关情境信息和知识信息等资源进行存储，其包括情境信息库和知识资源数据库，具体由与用户相关的各类情境信息、移动设备的内部知识资料库以及外部设备的外部资源数据库组成。各数据库中存储的知识是为用户提供高品质知识推荐服务的信息源泉。

4. 服务规则层

服务规则层对应活动理论的工具和规则要素。该层也称为应用层，主要依据情境信息提供与用户需求最匹配的服务知识，由知识推荐服务系统和 SWRL 规则库组成。在该层中可以利用各类工具完成知识搜索、知识导航、知识咨询、知识过滤、知识排序以及遵循各项规则完成语义索引、语义查询、数据分析、行为分析和知识提取等多项功能操作。该层是为用户提供个性化知识推荐服务的关键部分。

4.4 移动设备知识推荐服务情境本体建模

情境感知服务中情境应用的生命周期可分为四个阶段：情境获取、情境建模、情境推理和情境分配（王法硕等，2016）。移动设备情境信息获取操作结束后，需要将内容格式等复杂混乱的情境信息进行规范化处理，开展情境信息建模研究（李书宁，2011）。情境信息建模对知识推荐服务活动实施及其效果有重要影响。目前较为普遍的情境信息建模方法主要有三种：模式标识建模法、图形建模法以及本体建模法，本章主要使用基于本体的情境信息建模方法。基于本体的情境建模方法相对于其他建模方法在灵活性、简便性、拓展性以及表示性等方面更具优势，能最大程度地允许情境信息重复利用和共享（王进，2006）。

4.4.1　情境本体应用基础知识

本体是领域内一组概念及其相互关系的形式化表示，是对抽象概念模型格式规范与形式统一性的描述，能很好地表达与重用知识，推进知识深度交互。随着不同学科之间交叉融合研究深入，本体被广泛应用于语义 Web、社会科学、人工智能、情报工作以及知识管理系统等多个应用领域，在实体构建与规则设计应用等方面越来越重要（孙丽，2013）。本体建模目标是对领域内相关知识进行完整表述并对其进行规范化处理后，使该领域知识能够在不同系统间共享与应用，提升知识获取效率，并让研究者更好地理解领域知识和分析领域工作机理（闫红灿，2015）。

情境本体建模是目前应用最广泛、表达能力最强的建模方法，该方法克服其他建模方法对象描述的局限性，能对情境概念以及各情境之间关系进行全面明确的表示，使情境信息有准确统一的标准，便于情境信息共享与重用（李枫林等，2016）。开展面向知识推荐服务的情境本体构建研究，可以增强知识推荐服务应用推理能力，提高推荐内容精准度。

如果仅用基于描述逻辑的本体推理，不能全面呈现多元化语义关系，因此需要结合 SWRL 进行推理。SWRL 即语义 Web 规则语言，是集本体和规则于一体的推理规则语言，其具有丰富的关系表达能力，能够较好地完成情境推理过程，已广泛应用于军事工程、农业科技、空间信息以及应急管理等领域知识服务场景（王志华等，2012；金保华等，2012；李贯峰等，2016；李剑峰等，2018）。SWRL 规则能够将本体所要描述的知识借助高度抽象的语法呈现出来，为用户提供高级情境的演绎推理过程，具有人机可理解规则表达优势（周亮，2015），将 SWRL 设计规则融入本体中能更好地表达规则之间的关联，从而实现利用规则与知识的集合来提升知识服务效率（盛秋艳等，2009）。推理规则语言 SWRL 本身不具备推理功能，需要借助 Jena 推理机服务功能，Jena 推理机能够为语言解析所描述的本体提供可编程环境，支持多重复合使用模式（王铁君，2016）。Jena 推理机作为一种基于规则的推理机，不仅可以提供一般推理服务，用户还可以使用自定义推理规则，具有较强的领域应用适应性（闫红灿，2015）。

Protégé 建模软件是本体设计领域应用最为广泛的工具软件，是采用 Java 语言编写的本体编辑与知识表示软件，具有开源、免费、简单以及易用等优点，而且提供多种可视化插件，支持数据存储、中文构建本体以及自定义类等操作，能快速完成应用场景本体构建工作（徐坤，2014）。Protégé 软件只需定义应用场景概念类、类之间的关系以及属性，就能构建概念层面的应用领域本体，目前软件最新版本为 Protégé 5.5.0。Protégé 建模软件与推理规则语言 SWRL 具有很强的操作融合应用优势，在知识地图、中医征候以及交通地图等领域有较深入的应用研究（郭亮等，2009；李昭等，2015；李明等，2015；马苗苗等，2019）。

4.4.2 情境本体应用类型分析

情境本体分析是开展应用领域语义服务研究的基础，不同应用领域会构建不同情境本体。唐旭丽等（2018）针对药物不良反应知识库构建问题，从情境本体驱动视角分析面向多源知识融合服务的环境情境、个人情境以及领域本体属性及其工作机理。按照分层思想，依据情境本体对应用领域的依赖程度，情境本体可分为顶层情境本体、领域情境本体、任务情境本体以及应用情境本体等（韩婕等，2007）。相关研究表明采用顶层情境本体与领域情境本体两层结构的情境本体模型 CONON 具有更强的拓展性（Wang，2004）。本章借鉴 CONON 模型的两层结构思想，将移动设备知识推荐服务模型分为顶层情境本体和领域情境本体两部分。

1. 顶层情境本体应用分析

顶层情境本体不依赖于特定研究问题或者应用领域，只是定义知识服务领域通用概念、一般属性以及普适关系，主要用于描述活动情境的一般特征（李金海等，2017）。顶层情境信息主要涉及用户情境信息、计算情境信息以及环境情境信息，相应的顶层情境本体包括用户情境本体、计算情境本体以及环境情境本体三部分。

用户情境本体是指知识服务过程中用户的各种情境信息，用以描述用户自身的信息以及知识服务活动过程中的情境状态，主要包括用户的基本身份信息、用户的个人偏好以及用户的情绪状态三类。用户的基本身份信息包括姓名、性别、职业、教育背景、联系方式等属性；用户的个人偏好需要依据特定的领域或问题来设定，每个用户都有自己的偏好信息；用户的情绪状态包括高兴、悲伤、忧愁、愤怒、正常等属性。

计算情境本体是指知识服务过程中具有计算服务能力的设备及网络情境，主要包括用户的终端设备信息、外部设备信息以及通信网络情况信息三类。用户的终端设备和外部设备信息包括硬件信息和软件信息，硬件信息如 CPU、内存、屏幕尺寸、屏幕分辨率、屏幕亮度、续航能力等属性；软件信息如应用软件、系统软件等属性。通信网络情况信息包括无线通信方式、网络类型、拓扑结构、网络带宽等属性。

环境情境本体是指知识服务过程中用户所处的环境信息，主要包括时间、地点和天气信息三类。时间信息可分为时间段信息和精确时间信息，时间段信息如某个季节、周末、假期、白天、夜晚、上午、下午等属性，精确时间信息如某年、某月、某日、周几、几点等属性。地点信息主要指用户所处的位置，如在家、在教室、在办公室、在户外等属性，其可以通过 GPS 等定位技术来表示。天气信息包括温度、湿度及具体天气情况（晴天、多云、雷雨等）等属性。

2. 领域情境本体应用分析

领域情境本体为顶层情境本体中对象类的子类，依赖于特定研究问题和应用领域，定义特定知识服务领域中的具体概念、概念之间的关系以及相关特征（张猛，2015），能较好地表示领域内知识，是实例化的本体。研究领域对象变化也会使得领域情境本体随之发生改变。

4.4.3 领域情境本体模型建构

领域情境本体模型构建工作得到研究者重点关注。周玲元（2015）针对图书馆情境复杂性问题，利用 Protégé 本体开发工具构建了包括用户、移动终端及环境信息的情境感知服务本体模型；刘庭煜等（2016）针对产品研发领域知识管理问题，分析工作流任务执行情境特征，提出本体论视角下分层工作流情境本体模型 WFCOM；艾丹祥等（2016）构建了面向移动商务餐饮推荐服务的情境语义本体模型，详细分析了语义建模和推理设计过程；李浩君等（2018）探索自定义规则与情境语义匹配机制，构建移动设备情境感知信息推荐服务系统框架；克鲁门纳赫等（Krummenacher et al. , 2007）在阐述本体中概念类、类之间关系以及属性统一描述功能基础上，提出了情境本体建模标准；阿迈耶夫等（Amailef et al. , 2013）提出了本体论支持下的案例推理方法，该方法包括数据采集、本体、知识库及推理规则四要素；哈格高等（Haghighi et al. , 2013）描述了群众聚集领域本体设计过程；伊斯梅尔等（Ismail et al. , 2017）采用 NER 实验法设计本体学习框架；凯蒂斯等（Katis et al. , 2018）聚焦学术环境中教育知识结构概念化问题，提出了基于教育本体论的实施方法。

通过对国内外情境本体模型构建研究工作的分析，借鉴已有研究模型中的情境本体类型、组成要素、特征属性以及相互关系，本书采用顶层情境本体与领域情境本体协同建构思想，构建了移动设备知识推荐服务情境本体模型，如图 4 - 7 所示。

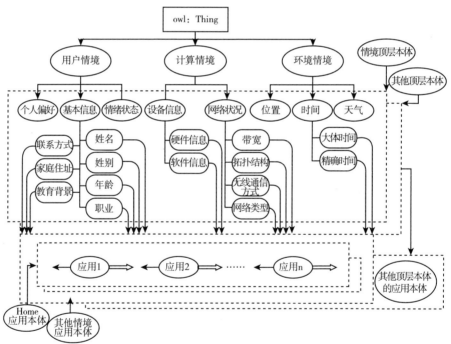

图 4 - 7　移动设备知识服务情境本体模型

注：→表示分类关系；⇒表示依赖关系；〇表示概念类；▭表示属性。

借助 Protégé 建模软件实现图 4 - 7 所示的移动设备知识推荐服务情境本体模型建构过程，该模型较好地呈现了本体、概念类以及属性元素之间的关系，移动设备知识服务情境本体建模效果如图 4 - 8 所示。

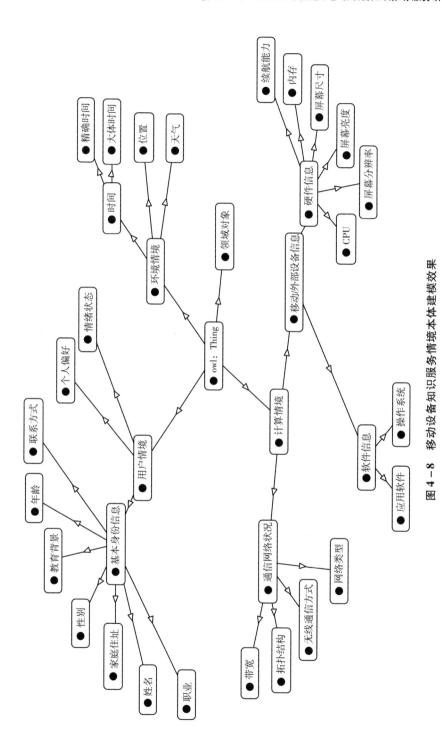

图 4－8　移动设备知识服务情境本体建模效果

移动设备知识服务情境本体为移动知识服务应用提供普适性的情境框架，体现用户意愿操作的移动设备作为移动知识服务的主体要素，借助上述情境本体模型，感知各类情境信息并保存到情境信息库中；而知识推荐服务系统作为知识服务活动工具要素，融合相关本体服务规则，可以将情境本体模型实例化；借助于活动规则要素 SWRL 规则库进行语义推理，从知识资源数据库中进行调度并获取用户所需要的知识信息。

本章小结

知识推荐服务是移动互联网时代的重要服务，从活动理论视角研究更契合服务本质规律，更能揭示移动设备知识推荐服务机理。本章研究工作不仅梳理和完善了活动理论内容，而且构建了活动理论视角下移动设备知识推荐服务体系，为理解移动互联网知识推荐服务过程分析与情境本体设计提供了研究框架，为个性化知识推荐服务设计奠定了基础。

第5章 知识生态视角下移动设备知识分享服务影响研究

移动设备知识分享服务具有类型多样性、过程交互性、内容即时性以及服务情境性等特点，知识分享服务影响研究有助于揭示服务影响因素及其内在机理，进而为深入研究移动设备知识分享服务机制提供理论基础。本章以技术采纳与利用整合理论作为影响因素分析的理论基础，引入知识生态理论，构建移动设备知识分享服务影响因素模型，设计移动设备知识分享服务框架，并以职业学校教师移动设备知识分享为例开展实证研究，验证并优化知识分享服务影响因素模型。

5.1 移动设备知识分享服务研究基础

移动电话、平板电脑、智能手机等移动设备的普及使用促进了互联网知识流和信息流快速流动，移动设备催生的各类App、知识传播平台、公众号也为知识共享和传播服务提供了更加方便、快速的通道。移动智能终端作为知识共享的主要媒介之一，其对高效快捷地共享、传播、再生知识具有重大意义。本节阐述移动设备知识分享服务研究基础内容，主要包括移动设备知识分享概念、特征与模式等。

5.1.1 移动设备知识分享概念

知识分享作为知识管理领域的研究热点，学界对知识分享概念却还没有统一的概念定义。森格（Senge，1998）从学习论视角认为知识分享就是协助他人完成有效活动的行为，具体包括"分享个人知识""分享外部知识"以及"鼓励学习知识"三部分内容；亨德里克斯（Hendriks，1999）提出知识分享是知识传播者以演讲、著作、行为或其他方式"外化"知识，知识接收者以模仿、观察、倾听或阅读等方式"内化"知识，知识分享是双方沟通交流、共享事实和统一观念的过程；万登·沃夫等（Vanden Hooff et al.，2004）认为知识分享是通过个体间知识交换来创造新知识的过程。

尽管知识分享还没有完全统一的定义，但绝大部分定义都包含共同的要素：知识传播者、知识接收者、知识分享过程及其影响因素等。结合现有的知识分享定义，本章认为移动设备知识分享是指知识拥有者将自己拥有的隐性知识和显性知识，借助网络服务平台通过移动设备分享给知识接收者，知识接收者对知识进行分解、内化和重构，不断循环来促进知识的创新和再利用（周碧云，2019）。

5.1.2 移动设备知识分享特征

互联网时代知识分享的形式和媒介不再是传统口耳相传形式和传统纸质媒介，现阶段人们更愿意使用便捷、广泛和社交化的多媒体网络媒介来进行知识分享，例如微信公众号、小程序、各类知识问答型 App 等网络服务平台。通过移动智能设备进行知识分享已成为移动互联网时代分享知识的主流方式，其打破了传统知识分享时空限制，解决了知识分享服务情境性和内容供给时效性问题。利用移动终端设备以及社交化移动 App 进行知识分享的过程具有分享主体互动性、分享过程循环性、分享方式交互性与即时性、分享内容海量性与共享性等特征。

1. 分享主体互动性

移动设备知识分享过程涉及知识传播者、知识接收者等多个主体，移动互联网时代知识传播形式不再拘泥于固定场所、纸质媒介等传统形式，移动设备知识分享过程比传统知识分享过程中主体之间互动更频繁，形式也更多样化。移动设备知识分享的媒体形式多样且传播速率更快，知识传播者与接收者之间可以在短时间内进行互动交流，主体互动交流并给予实时反馈，提高了知识传递分享的效率。移动互联网存在的地方就可以进行知识分享，因此移动设备的随时随地使用能为知识分享主体之间即时互动交流提供便利。

2. 分享过程循环性

移动设备知识分享包含了知识输出、借鉴、创新、运用等众多服务环节。知识传播者利用移动设备支持的服务软件或应用平台传递知识信息，通过数字信号编码解码，知识接收者内化知识，再进行应用或重新思考与创新知识。知识接收者将已经内化的知识或是在自己原有知识基础上再次循环上述过程，此时接收者的身份就变成了新的传播者，移动互联网环境下任何人都可以作为知识传播者分享知识，也可以作为知识接收者内化别人分享的知识。移动设备知识分享服务内容以及分享途径多样化加速了知识分享循环过程，也为知识分享提供了便捷的交流平台，有助于个人知识体系丰富目标的达成。

3. 分享方式交互性与即时性

由于互联网环境下知识传播者分享的知识信息都被转化为二进制编码形式进行传递、分享与储存，移动设备知识分享服务的交互性体现在知识接收者与知识传播者以及系统之间的互动交流，即打破原有的单向、不可逆的线性知识传播方式，实现移动设备知识分享各主体间的互动交流。移动设备操作的便携性使得知识信息发布后可以在较短时间内得到反馈交流，借助互联网互联互通功能，使得随时随地开展知识分享与交流成为现实，分享的知识信息以及接收者提出的问题都能在短时间内得到反馈，进而使知识信息能以最快的速度得以更新。而且系统可以针对用户交互分享中的兴趣爱好、学习特点以及浏览习惯等实现个性化知识推送，为用户快速供给所需要的知识服务内容，提高知识分享服务精准性。

4. 分享内容海量性与共享性

移动互联网时代人人都是知识的生产者与消费者，互联网速率的提升以及移动终端应用的普及，为知识信息传输提供信息通道保障，移动设备知识分享内容具有海量性。互联网时代每个人都是知识的接收者和传播者，都拥有相同的机会获取相关知识信息，而且移动设备应用普及使得人们可以随时随地通过搜索引擎找到所需知识信息，知识分享内容具有共享性。

5.1.3 移动设备知识分享模式

针对知识分享模式问题，国内外相关学者开展了大量研究，从不同视角取得了一系列研究成果。巴克等（Burke et al.，2000）构建了知识转移模型，杰夫尼（Jeffrey，2003）在巴克工作基础上研究知识共享模式。何东花等（2016）基于产学研协同创新视角提出企业—大学（科研院）合作创新知识分享模型。郭亚军等（2018）通过对社交媒体平台上用户之间彼此分享知识资源分析，提出了社交媒体知识分享模式。

哈罗德·拉斯韦尔（2013）最早提出面向人类社会传播活动的"5W"模式，该模式核心是：知识传播者（who）→传递知识信息（says what）→通过哪种渠道（in which channel）→知识接收者（to whom）→产生怎样的效果（with what effects）。本节以拉斯韦尔 5W 传播模式为基础，设计如图 5 - 1 所示的移动设备知识分享服务模式。由图 5 - 1 可知基于拉斯韦尔 5W 模式的移动设备知识分享模式由知识传播者、传递通道、知识接收者、知识信息和干扰信息组成。

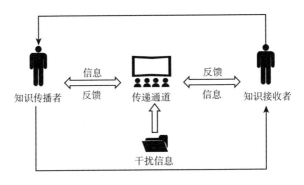

图 5 - 1　移动设备知识分享模式

1. 知识传播者

知识传播者的主要工作是通过多种媒介为知识接收者提供自己拥有的知识信息，并在知识接收者接收知识后按需要和意愿提供反馈交流。移动设备支持下每个人都是知识的发布者即知识传播者，互联网以及移动终端便捷性也为用户在互联网上浏览信息提供了便利条件，用户可以随时随地在互联网上发现别人提出的问题或是根据用户自己的分享意愿等因素来决定是否把知识信息分享给其他用户。

2. 知识传递通道

尤尼斯等（Yunis et al.，2019）认为互联网社交工具能改变人们的交流、分享以及互动方式。互联网时代知识传递通道具有多样性、快速性和便捷性特点，用户可以借助移动设备支持下各类 App、小程序等软件随时随地开展知识分享活动。同时来自知识传播者的知识信息通过知识传递通道，自动将其转换为数字信号，利用互联网传输大平台将数字信号传递至知识接收端，经过知识传递通道译码处理后，数字信号转换成知识接收者理解的信息，完成知识分享服务中的知识内容传递活动。

3. 知识接收者

相对于知识传播者，知识接收者是指知识分享过程中获取到知识的用户，是知识分享活动参与者。知识接收过程可以是根据自己需求借助移动互联网平台提出问题，并从回答的答案中选择相应信息供自己内化使用，也可以是出于个人意愿主动地获取知识。互联网时代移动设备知识分享服务更加频繁，整个知识分享活动过程中用户的身份在知识传播者与知识接收者之间是可以跳转变换的，由自己的意愿推动知识分享活动开展。作为知识接收者在接收知识信息之后进行内化转变为自己的知识，与知识传播者进行反馈交流，完成整个知识分享活动。

4. 知识分享信息

知识分享信息是由知识传播者发布，并通过移动互联网多种渠道媒介传递给知识接收者。知识分享信息内容可以是发布者根据其他用户需求进行回答的信息，也可以是发布者在自己的意愿驱使下主动传递的知识信息。知识分享信息是知识分享模式中的核心内容，不仅要处理好知识分享信息的合理性、真实性以及有效性问题，而且知识分享过程中还需要处理信息层次叠加、信息多模转化以及信息有效呈现等方面问题。

5. 干扰信息

互联网发展带动知识服务快速发展，使得知识信息量急剧增加，但知识服务时效性、知识服务匹配性以及知识内容准确性等特点决定了知识服务领域干扰信息的存在。例如移动设备问答型 App、小程序等应用平台需要尽可能丰富知识库内容才能吸引更多的用户来使用，而在平台知识库丰富过程中，会存在一些无用信息或者收到一些不正确的回答。在这种情况下产生的干扰性信息就会影响到用户的知识获取效率和使用体验，需要系统或是用户尽可能排除知识分享服务过程中的各类干扰信息。

简单地说，移动设备知识分享服务过程就是知识传播者发布信息至传递通道，在这一过程中知识信息将转换成数字信号进行传递，传递过程会受到来自各个方面的其他信息干扰，最后将信息传递至知识接收者时，数字信号转换为具体知识信息，从而使接收者顺利接收知识，完成知识分享活动。移动设备知识分享服务过程改变了传统的知识传播体系，提高了知识获取服务效率，并在一定程度上促进了用户主体性生成视域下计算思维能力与自主独立价值培养。移动设备即时性服务支持了知识传播者和接收者之间的交流和反馈，知识接收者能够更加深入地理解知识信息，更新知识体系，传播者也能够从其他角度进行思考，从而引发知识创新。传递通道是互联网环境下移动设备知识分享的必要通道，每一个环节都通过多媒体传递通道进行，但互联网环境下知识分享弊端会产生干扰信息，降低知识分享的效率，因此，用户在进行移动设备知识分享时需注意甄别信息，从而保证知识分享的质量。

5.2 移动设备知识分享服务情境因素分析

移动设备知识分享服务的各个环节都会受到相关情境因素的影响。本节首先梳理移动设备知识分享情境因素的研究现状，然后详细阐述情境因素作用于移动设备知识分享的具体过程，最后以知乎社区为案例论证移动设备知识分享服务过程中的情境影响因素及其作用机理，为后续移动设备知识分享服务影响理论研究提供基础。

5.2.1　移动设备知识分享情境因素研究现状

越来越多的情境因素影响用户行为，移动设备知识服务同样受到各类情境因素影响。通过文献检索发现，已有不少学者对移动设备知识分享领域中的情景因素进行研究，但多数研究工作主要聚焦于用户知识贡献以及知识共享等领域的情境因素影响研究。李永明等（2018）认为影响使用者知识贡献的动机因素中，除了心理动机外，自我效能感、平台要素以及群体等因素也会影响知识贡献行为，并将这些因素归类于情境因素。阿德曼维克斯等（Adomavicius et al.，2001）根据多维推荐的内涵特征，采取参照数据仓库和联机分析处理（OLAP）中的多维数据模型处理方法，获取知识服务情境信息以提供更好的知识推荐内容。刘伟静（2019）从组织情境中组织结构和组织文化两种因素之间的替代、强化以及交互作用分析出发，构建组态视角下影响工程项目成员知识共享行为的组织情境因素研究模型，通过实证研究证明组织情境因素对项目成员知识共享行为具有显著的影响作用。陆德梅（2014）考虑情境因素影响作用，研究组织情境中组织结构对知识型员工默会知识的影响。耶普等（Yap et al.，2007）将情境因素引入移动互联网环境下图书馆个性化推荐服务研究中，构建贝叶斯网络模型预测情境信息。朱迪特·埃尔南德斯等（Judit Hernández et al.，2013）认为大部分知识是成员之间难以沟通和共享的隐性知识，隐性知识共享的重要条件是所处组织开放、互动的情境和氛围。李昆（2016）在朱迪特·埃尔南德斯研究工作的基础上，将文化氛围情境纳入知识共享的影响因素体系中，研究结果显示文化氛围对知识共享行为产生了显著的积极影响。

移动设备知识分享作为知识服务中重要的组成部分，也有不少学者关注情境因素在移动设备知识分享中的影响作用。金文恺（2016）关注"知乎"用户在移动社区知识分享过程中展现的认同建立与自我建构能力，并从情境视角分析影响移动社区用户自我建构的因素。阳毅等（2013）采用回归分析法验证了组织情境中激发学习和发挥典范对知识获取、分享和创造等行为具有显著的影响作用。目前移动设备知识分享情境因素研究的整体关注度不高，大多数研究工作只是针对特定应用问题展开相关情境影响因素探索。随着情境感知在知识服务领域广泛应用，知识分享领域情境影响研究工作亟待重视和深化。

5.2.2 移动设备知识分享情境因素作用过程

情境是知识服务活动实施载体，本节采用戴伊（Dey，2001）提出的情境定义：情境是对各类实体状态信息的表示，其中实体包括人、物、地点等，或者是实体所处的位置、周围环境、时间、实施行为以及自身状态等信息。随着技术的发展，情境感知服务也逐渐应用于娱乐、交通、智能家电等各个研究领域，也有不少学者将情境因素引入知识分享领域。

本章 5.1.3 节构建了基于拉斯韦尔"5W"传播模式的移动设备知识分享模式，本节是在此分享模式基础上进一步探讨移动设备知识分享影响机制，因此情境作为一种无处不在的影响因素，也应当被考虑进该机制。依据本书第 3 章阐述的情境因素分类研究内容，选取用户情境、设备情境、资源情境以及网络情境作为情境因素开展研究。此外，由于移动设备知识分享服务是在移动设备支持下的网络平台进行的活动，因此本节在原有情境基础上增加平台情境，总共考虑五个情境因素在移动设备知识分享服务中的作用，如图 5 - 2 所示。

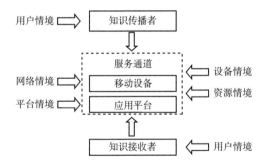

图 5 - 2　移动设备知识分享的情境因素

1. 用户情境在移动设备知识分享服务中的作用

移动设备知识分享模式中知识传播者和知识接收者都作为用户存在，所以用户情境作用于知识传播者传递知识、知识接收者在网络平台上进行提问或接收知识、用户之间交流与评论等互动过程中。当用户作为知识传播者进行知识传递时，用户的网络活跃度、兴趣、知识水平和技能等都会影响知识传递的效率和知识分享的质量。当用户作为知识接收者在移动设备支持的网络平台提出问题或接收知识时，用户的知识水平、技能和社交能力等特征也会起到影响作用，每位用户水平不同，进行的知识分享质量也不尽相同。用户之间知识分享与交流反馈活动过程中，用户的知识水平和认知能力等也会对知识内化与创新效率起到一定的影响作用。

2. 网络情境在移动设备知识分享服务中的作用

随着知识分享服务类型多样化以及需求差异化发展，支持移动设备知识分享活动的平台也越来越多，但也对信息技术应用和互联网服务提出了更多的要求。移动设备知识分享过程中网络情境自始至终起着重要作用，整个知识分享服务效率都依托于移动互联网环境，网络速度、网络平台等网络服务都会影响知识分享活动的实施效率。

3. 设备情境在移动设备知识分享服务中的作用

设备是移动设备知识分享工具的载体，设备情境作为知识分享的硬件支撑，是开展知识分享活动的必要前提。设备硬件性能会影响知识分享与互动交流效率，设备屏幕大小不仅会影响所传递知识信息的呈现效果，而且会影响知识传播的质量，设备可采用的交互方式也会影响知识交流与创新效率等。

4. 资源情境在移动设备知识分享服务中的作用

资源情境在知识接收者接收来自知识传播者的知识信息时起作用。知识传播者将知识信息传递至支持移动设备的网络平台上，系统将其归置于知识资源库中，知识接收者从资源库中提取知识信息。知识资源的准确性、完整性以及与内容适配度等都会影响知识分享的质量，进而影响用户的知识分享意愿与知识分享行为。

5. 平台情境在移动设备知识分享服务中的作用

平台情境是指移动设备知识分享所使用的平台信息，包括平台服务的功能丰富性、操作便携性以及群体影响性等。知识传播者传递知识信息以及知识接收者接收知识等服务过程都在平台上进行，平台情境和网络情境一样始终作用于知识分享服务全过程。平台自身的流畅性、影响力等也会影响知识分享服务质量和用户下一次知识分享参与意愿。

5.2.3　移动设备知识分享情境因素案例分析

　　知识分享服务平台选择过程中要考虑平台情境和设备情境等因素，知名度较高、可信度较强、知识资源库丰富、多个操作系统运行支持等特征的平台会对知识分享活动起到促进作用。知乎社区作为影响力较大的知识问答型软件，拥有数量可观的用户，能够支持多人同时在线上传信息，支持用户间的在线交流，运行流畅性较好，知识资源库内容充沛，对知识分享活动实施质量有较好的保障。因此，本小节选择问答型 App 知乎作为知识分享活动分析案例，知乎社区知识分享机制如图 5 - 3 所示。

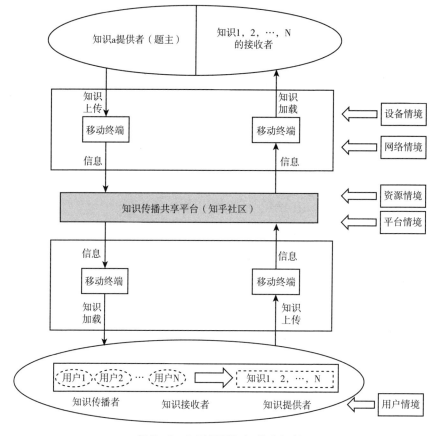

图 5 - 3　知乎社区知识分享机制

　　用户可以在知乎社区平台上提出自己的问题（知识 a），知识 a 的提供者称为题主。题主发布自己的疑问后，借助于互联网上传并实时生成公开问题信息，再由知乎社区平台提供一个讨论区。其他用户（1，2，…，N）可以通过联网的移动终端看到问题（知识 a）的具体内容，并且会根据自己的知识或经验在平台上提交自己的回答，形成知识 1，2，…，N，这时用户称为答主。此时的答主是知识分享过程中向其他用户分享知识信息的知识传播者，也是产生了知识 1，2，…，N 的知识提供者。答主将自己的回答上传至知乎社区平台，题主看到答主的回答之后，就成为知识接收者，将知识内化后，题主与答主按需求可以在评论区里或者私信对话框进行互动交流，知识分享活动过程就完成了。

　　此外知乎平台有推送和热门讨论的区域模块，用户根据意愿接受知识或进行知识交流，完善各自的知识体系，用户情境在用户选择回答问题时体现出其作用。知识传播者自身拥有的知识水平、技能水平以及其平时活跃程度等都会影响知识分享活动进程，例如对提出问题的领域关注较少的用户看到这个问题并选择回答的概率比对这个领域关注较多的用户小很多。用户的身份是可以转换的，根据自己的知识经验帮助别人解决一些问题时就转换成了知识传播者，并且在内化知识或是反馈交流时，可能会创新出新的知识信息，知识更新过程也是将知识传播者转变为知识接收者角色的过程，所以知识分享活动是双向互动过程。所有用户提出的或是回答的信息都会自动归置于知识资源库中，当其他用户提出相关问题进行搜索时，系统会自动匹配相关的讨论区呈现知识，这时的资源情境会成为重要的影响因素，知乎平台知识资源的准确性、丰富度等都会影响知识分享效率。但目前网络自由性与距离感相对缺乏监督环境，移动设备知识分享也容易产生一些负面信息，例如功利心导致很多重复性问答、利用社区打广告、怀着娱乐心态做无用回答以及不负责任提交错误回答等干扰信息，也需要平台加大监管力度、严格筛选条件，同时也需要用户在知识分享过程中加以分辨，及时更新和完善信息。整个知识分享过程中网络情境起着重要作用，网络服务接入便携性以及数据传输速率等也会在一定程度上影响知识分享服务的开展，影响知识分享用户之间的交流反馈活动实施等。从知乎平台知识分享过程分析可以发现，用户情境、平台情境、设备情境、网络情境以及资源情境等情境因素在知识分享服务过程中都起着重要影响作用。

5.3　知识生态视角下移动设备知识分享服务影响理论

　　移动设备知识分享能够为用户更便捷地提供知识信息，提高用户学习效率，通过分析知识分享影响因素，能够提升知识分享服务的流畅性和高效性。本节详细论述了知识生态理论，再从知识生态视角出发分析移动设备知识分享服务的影响机理，构建知识分享服务影响因素模型。

5.3.1　知识生态理论

1. 知识生态概念

　　知识生态理论源自生物科学领域，核心内容是研究知识、个体和环境之间的相互作用，重视知识体系的构建和知识的再创造，并强调知识行为和结果。知识生态系统包括知识、个体以及它们所处的环境等对象，知识生态系统中个体之间、个体与环境之间相互作用对知识传递与分享构成一个知识生态网，从个体传递出知识，再到其他个体接收知识，完成知识分享过程，知识分享过程中个体与环境互动有助于提升知识更新、创新与再造效率。

2. 知识生态因子

　　知识生态系统组成要素主要有知识生态因子、知识生态位、知识生态链等。知识生态是信息生态应用的具体化表现，本节在信息生态因子基础上探讨知识生态因子的构成要素。周承聪（2009）从信息技术、信息本体、信息时空以及信息制度四个方面考虑信息生态因子的组成结构。吴红（2010）将信息生态分为信息个体和信息环境两个大类，其中信息环境包括信息技术、信息市场以及信息资源等。霍艳花（2017）认为信息、信息个体、信息环境以及信息技术构成了信息生态因子。本节在分析知识分享模式与特征等相关内容基础上，结合信息生态因子分类，认为知识生态因子应包括知识主体、知识、知识技术以及知识环境四个要素。知识主要是指知识分享过程中由输出端传递到接收端的信息，包括专业学科知识、实践经验、观点看法等内容。知识主体包括知识传播者与知识接收者。知识在知识生态因子之间传递会形成链式作用关系。知识环境是指移动设备支持下知识分享活动实施所需要的内外部环境，包括虚拟环境、真实情境以及各因子间信任与激励等。知识技术是指支撑知识分享活动开展所需的设备效能与技术服务，包括多点同时传输技术、网络技术等。

3. 知识生态理论与知识分享关系

知识生态理论重视知识生态各因子之间的相互作用，强调共同发展。本章将知识生态理论引入移动设备知识分享服务问题研究中。目前已经有学者将知识生态理论引入知识服务研究领域。崔伟（2018）基于知识生态理论构建了移动阅读用户知识共享机理框架，从知识共享主体、知识共享客体、知识共享技术及知识共享情境四个维度开展实证研究，使用模糊数据包络方法开展用户知识共享效果评价研究。知识主体活动对知识生态系统可持续发展有重要影响，知识主体利用互联网技术借助移动设备进行知识分享活动，并且与所处的知识环境进行交换，从而促进知识更新，推动知识生态系统发展。知识分享是整个知识分享活动中的核心环节，知识分享活动实施过程中会受到知识、知识主体、知识环境以及技术四要素共同作用。

5.3.2　知识生态视角下移动设备知识分享情境因素

本节以社会认知理论以及技术采纳与利用整合理论为指导，结合知识生态理论，研究移动设备知识分享情境因素，构建移动设备知识分享服务影响因素模型。

1. 社会认知理论

班杜拉（Bandura，1977）提出的社会认知理论（social cognitive theory，SCT）主要用于解释个体的主观自愿性行为。社会认知理论认为主体行为、个人认知以及社会环境三者之间存在相互作用、相互影响的关系，其基本模型如图5-4所示。个体因素会影响社会行为的发生，同样社会行为也会对个体因素产生直接或者间接影响。"自我效能"和"结果期望"是认知理论的重要组成因素，自我效能是指个人对目标实现的自信程度，结果期望是指个体预估实现目标的达成程度。

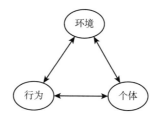

图 5 - 4　社会认知理论模型

知识主体在开展知识分享过程中，自我效能主要是指个人对自身知识储备、经验以及信息表达的情况感知。自我效能感与知识主体开展知识分享行为的可能性成正比。因此，自我效能是影响主体开展知识分享活动的主要因素之一。目前已有学者将社会认知理论应用于知识服务研究领域。坎坎哈利等（Kankanhalli et al. , 2005）基于社会认知理论，分析在线资源库使用过程中的用户共享行为，研究结果表明自我效能是用户共享行为发生的主要影响因素。林秀芬等（2007）认为员工的自我效能感与知识分享意愿成正比。里安娜等（Liana et al. , 2016）从个人、组织和技术三个维度开展知识分享影响因素实证研究，认为"个人因素"是影响知识分享行为发生的关键因素。

2. 技术采纳与利用整合理论

文卡泰什等（Venkatesh et al. , 2003）提出技术采纳与利用的整合理论（UTAUT）。UTAUT 模型把影响个体行为的因素分别归类为四个核心变量和四个调节变量。四个核心变量包括绩效期望、困难预期、群体影响和便利条件，每个核心变量具体内涵为：

（1）绩效期望，指个体对使用信息技术提高工作绩效的认可程度，本章主要指知识有用性。

（2）困难预期，指个体想要达到的预期目标还需要付出的努力程度。

（3）群体影响，指个体受他人影响的感知程度，本章主要指组织激励、信任。

（4）便利条件，指外部条件对个体达成目标的支持程度，本章主要指技术效能性。

四个调节变量分别是性别、年龄、经验和自愿性。模型具体内容如图5-5所示。

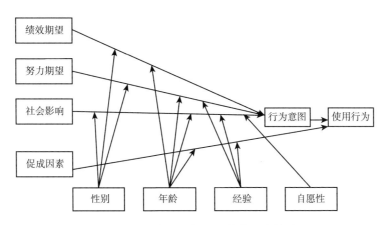

图5-5　技术采纳与利用整合理论模型

有学者将 UTAUT 模型应用于知识分享研究领域，比较有代表性的研究工作有：郭宇（2016）从信息生态视角出发，结合 UTAUT 模型分析新媒体环境下企业知识共享的影响因素；塞迪格等（Sedigheh et al.，2017）通过对知觉享受、知觉互惠利益、知觉状态、结果期望以及知识力量之间关系的分析，开展 Facebook 平台下知识分享影响因素的实证研究，研究表明结果期望是影响学生知识分享的主要因素。霍艳花（2017）以信息生态理论为基础，利用 UTAUT 模型探析微信用户共享信息行为的影响因素。

3. 知识生态视角下知识分享影响因素

知识因子是移动设备支持下知识主体进行知识分享活动的核心内容。知识主体所分享的专业知识和个人经验等对知识接收者完善自身知识体系十分重要，同时对于知识传播者来说也可以促进知识的创新与再理解。知识分享活动中传递的知识内容对知识接收者的有用性，是影响知识接收者接收知识信息的直接因素。不少研究表明，分享活动会受到有用性和活动获利性因素驱动影响。帕帕佐普洛斯等（Papadopoulos et al.，2013）在开展博客知识共享因素研究时指出，感知有用性能够正向影响虚拟社区成员的知识共享行为；尚世超等（2017）提出知识有用性会对用户通过社交媒体进行知识分享活动产生影响；曹茹烨（2017）通过实证研究发现，信息有用性对科研团队信息分享意愿产生积极作用。因此，本章从知识因子分析视角提出移动设备知识分享的影响因素——知识有用性。

知识主体因子包括知识持有者和知识接收者，是知识分享活动的重要因素。在知识主体因子中，用户情境的作用是最主要的，知识的持有者和接收者都会受到用户情境影响。社会认知理论指出，个体对其自身能力的认知程度会影响其行为，因此知识主体的自我效能在知识分享中发挥重要作用。阿杰森（Ajzen，1991）提出了计划行为理论（theory of planned behavior，TPB），该理论将行为意向作为中间变量，认为产生某种行为的意愿程度是影响该行为发生的最直接的影响因素，甚至可以通过对意愿分析来预测行为发生的概率。因此，知识主体的分享意愿程度和知识分享行为成正比。充分调动知识分享主体的主观能动性，使得他们愿意收集、整理、传递、分享知识信息，才会有利于知识接收者的成长和知识内化。因此，从知识主体因子分析视角考虑，知识主体的自我效能和知识分享意愿是移动设备知识分享行为的两个影响因素。

知识环境是知识生态理论的重要组成部分。徐道宣等（2007）认为知识共享过程中受到硬件环境和软件环境影响。李照等（2016）采用归因理论和计划行为理论，以大型社会问答网站为例研究外在动机对内在动机的影响，结果表明虚拟组织奖励会影响用户的知识分享行为。本章主要关注知识主体开展知识分享活动中软环境的影响，重点考虑知识分享过程中的组织激励和信任影响因素。组织激励和信任都是从用户角度出发而提出的影响因素，同样也会受到用户情境的影响，因此，从知识环境因子分析视角考虑，组织激励和信任是移动设备支持下知识分享行为的另外两个影响因素。

知识技术是知识管理过程中所用技术的总称，这些技术能够实现知识处理、整合以及转换服务功能（娄策群等，2014）。知识技术能为知识分享活动开展提供技术支撑，促进知识交流便捷化和知识服务多样化（路琳，2007）。社交平台交互性与便捷性特点直接影响知识分享的效率和用户的分享意愿，而社交平台的便利性发展需要知识技术不断更新与支持。例如周涛等（2011）认为信息技术能够正向影响企业知识的分享行为。此外，设备情境、网络情境、资源情境都作用在知识技术因子对知识分享的影响过程中，设备好坏、数据传输速率高低、资源内容匹配与否等都会影响到知识分享，从技术角度分析知识分享的影响因素，知识技术因子也会受到这些情境因素的影响。本章重点关注技术效能性对知识分享的影响作用。技术效能性是指移动终端设备、通信网络以及应用服务系统等能够满足用户知识分享要求的程度。互联网知识技术能够提供知识主体间的异步（问答评论区、微信公众号、小程序等）或同步（如电话、视频会议等）沟通服务功能；实现历史数据和浏览痕迹的储存并再现，从而推进知识主体之间活动合作、知识分享深入开展。因此，从知识技术因子视角分析，技术效能性也是移动设备知识分享行为的重要影响因素。

　　综上所述，本章在知识生态理论视角下，从知识因子、知识主体因子、知识环境因子以及知识技术因子四个维度来分析移动设备知识分享行为的知识有用性、主体自我效能、知识分享意愿、组织激励、信任以及技术效能性六个影响因素，构建移动设备知识分享影响因素理论模型，模型如图5－6所示。

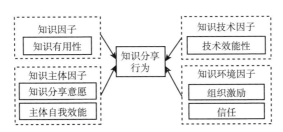

图5－6　移动设备知识分享影响因素模型

5.3.3　知识生态视角下移动设备知识分享影响机制

　　机制表示系统内各组成要素之间的相互联系以及相互作用。知识分享机制是指为了使知识信息得到有效传递和运用，促进知识信息更新和知识体系完善的活动策略。本节从知识生态视角分析移动设备支持下的知识分享机理。

　　1. 知识分享机制的组成要素

　　移动设备知识分享过程构成要素包括传递内容、主体、环境和技术四个基本要素。知识传递内容主要包括个人专业知识、实践经验以及用户提出的问题等。知识分享主体既包括知识分享传播者，又包括知识接收者，他们负责知识分享过程中的知识传递与接收，并内化为自己的知识，经过自己的思考完成知识的创新过程。同时，主体之间的交流和反馈也会形成另一个知识分享过程。知识分享环境主要是指软环境对知识主体的影响，包括知识分享过程中组织激励以及信任等。知识分享技术主要是指移动设备支持知识分享行为的实施程度等。

2. 知识分享服务框架

有学者聚焦于知识分享框架构建研究，尼尔斯·布雷德·莫等（Moe et al.，2016）通过分析虚拟团队中的任务内容、实施过程以及最终目标等关键问题，构建知识共享框架。本章所研究的知识分享过程由知识主体进行知识信息的外化、传递、分享、获取、内化、创新以及主体间交流反馈等行为环节构成。移动设备支持下的各类问答型 App、社交网络平台等在知识分享过程中起着知识分享媒介的作用，提供知识传播渠道以及知识存储平台。

知识分享过程从知识接收者提出问题开始，通过互联网平台发布出来，知识传播者根据自己的分享意愿，将自身的知识整理出来并用文字、图片、视频或音频等形式呈现在移动设备支持的网络平台上。如百度问答、知乎、微信小程序、公众号等，供知识接收者或其他用户接收知识。移动设备支持下的网络平台具备便捷性、开放性和高效性等特点，知识接收者可以在自己的移动设备上通过网络平台进行学习，也可以借助平台的存储功能将其保存下来，供自己消化吸收知识。知识接收者内化知识之后，就可以将自己已经习得的知识外化为文字、图片或视频等形式进行下一次的知识分享，这时的用户身份已经从知识接收者转变为知识传播者，从而完成知识分享循环活动。

移动设备知识分享是由知识主体间交流反馈、知识资源传递、知识环境激励以及知识技术支撑等方面共同作用形成的。知识分享过程能否有效完成，知识资源能否高效快速地实现从知识传播者到知识接收者的传递，与知识分享主体、知识信息内容、知识分享环境以及知识分享技术四者都有很大的影响关系。本节以提高知识分享效率和完善知识分享机理为目的，结合上一节叙述的情境因素来探究这四者对知识分享过程的影响。移动设备知识分享服务框架如图 5-7 所示。

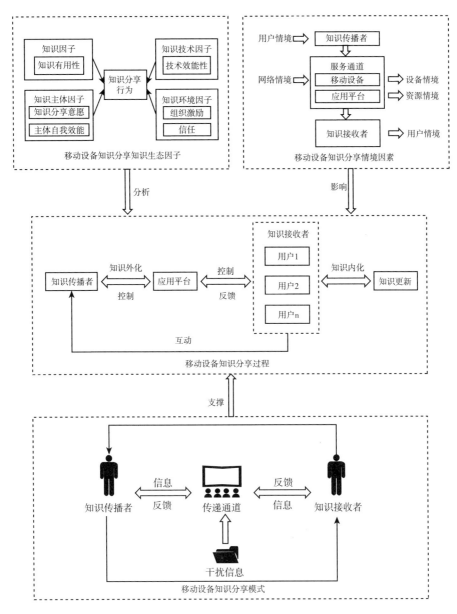

图 5-7　移动设备知识分享服务框架

5.4　知识生态视角下移动设备知识分享服务影响实证研究

5.4.1　实证案例分析

教师队伍建设是国家教育改革与发展的重要任务，移动互联网时代教师核心要素包括爱商、数商、信商以及力商，不仅要能用信息技术搜索、收集、整合相关教学资料，而且也能将信息技术与教学内容有机整合，对教师发展提出了更高的要求。有学者从创新扩散视域下研究高职院校教师信息化教学实施影响因素（李浩君等，2019），高效的知识分享在其中发挥着重要作用。中职学校教师作为教师队伍重要组成部分，中职教师所分享的专业学科知识或经验指导、教师技能等知识信息对同行、学校或家长都有重要意义。因此，本节的实证研究从知识生态视角分析影响中职教师移动设备知识分享活动实施的因素，提出知识因子、知识主体因子、知识技能因子以及知识环境因子影响因素维度及其相关假设，并建立研究模型。

1. 知识有用性

知识分享过程中知识信息的有用性不仅能够促进知识分享的完成，还能够保证知识分享的质量，进而引导用户进行深层次思考。哈立德·哈菲兹等（2019）发现高级成员往往能够发布有用性较强的话题，引起其他用户更多的兴趣，同时用户会以这个话题为中心进行深入交流。结合本研究被试对象实际情况，知识有用性是指知识传播者分享的知识内容能够帮助同行教师提高自己的教学水平或完善自己的学科知识体系等。如果中职教师感觉到知识对于自己或同行是有用的，那么他们会根据自己的意愿进行知识的传递，通过内化知识完成知识体系更新。根据现有相关研究结果，结合案例研究内容，本节提出以下假设：

H1：知识有用性与中职教师移动设备知识分享意愿呈正相关。

H2：知识有用性对中职教师移动设备知识分享行为有积极的影响作用。

2. 主体自我效能

知识主体是进行知识分享活动的主体要素，用户需要具备一定的专业知识、活动参与能力以及较强的知识分享活动自我效能感。本节的自我效能感是指中职教师利用移动互联网服务环境分享知识信息的自我感知程度。贾文帕等（Jarvenpaa et al.，2000）认为用户对信息技术和传播媒体使用能力越强，越能促进知识分享行为产生；阿杰森（Ajzen，2006）研究也证明了个体自我效能能够促进个体行为意愿的产生。因此，如果中职教师的自我效能感得到增强，那么用户参与移动设备知识分享活动的可能性也会增加。根据现有相关研究结果，结合案例研究内容，本节提出以下假设：

H3：主体自我效能与中职教师移动设备知识分享行为呈正相关。

3. 知识分享意愿

知识分享意愿是指知识主体开展知识分享活动的意愿程度。人的意愿是支配行为最直接的因素，只有知识主体愿意传递和接收知识，知识分享行为才有可能开展。龚立群等（2012）研究证明，虚拟团队成员的知识贡献意愿对成员贡献行为产生积极影响；王晰巍等（2016）验证了微信用户信息共享意愿程度对用户共享行为产生积极促进作用。依据相关研究结论，可以假设如果教师对知识分享活动持积极态度，则教师进行知识分享的意愿程度也会较大。在技术采纳与利用整合理论模型中，行为意愿作为中介变量影响行为的发生，但群体影响等外部因素也会对行为发生产生间接作用。根据现有相关研究结果，结合案例研究内容，本节提出以下假设：

H4：移动互联网环境下中职教师知识分享意愿与知识分享行为呈正相关。

H4 – 1：知识分享意愿在知识有用性对知识分享行为中起中介作用。

H4 – 2：知识分享意愿在组织激励对知识分享行为中起中介作用。

H4 – 3：知识分享意愿在信任与知识分享行为中起中介作用。

4. 组织激励

激励可以分为物质激励和非物质激励，非物质激励主要强调精神层面的驱动激励作用；物质激励主要强调外部物质层面奖励。加涅（Gagne，2009）提出薪水和成就感都会对个体知识分享意愿产生积极作用；金辉等

（2013）验证了组织激励通过知识共享意愿对知识共享行为起到正向影响。根据现有相关研究结果，结合案例研究内容，本节提出以下假设：

H5：组织激励与移动互联网环境下中职教师知识分享意愿呈正相关。

5. 信任

信任是知识分享行为实施程度的重要影响因素。知识生态中各因素之间的信任程度会影响知识主体的知识分享意愿以及知识分享行为。通过检索文献发现，已有学者研究信任在知识分享领域中的影响作用。例如，石艳（2016）指出知识共享的前提是信任，信任因素对教师知识共享意愿和知识共享行为都会起到促进作用；张宸瑞（2018）认为网络研修环境下，信任对研修教师知识共享行为有积极的影响作用。由此可见，信任会影响中职教师知识分享活动实施。根据现有相关研究结果，结合案例研究内容，本节提出以下假设：

H6：信任与中职教师移动设备知识分享意愿呈正相关。

H7：信任与中职教师移动设备知识分享行为呈正相关。

6. 技术效能性

移动终端性能高低以及用户使用熟练程度会影响知识分享活动参与程度，而移动互联网是为知识分享活动实施提供网络服务环境。因此，技术支持服务能否达到知识主体实际需求，直接影响着知识主体能否顺利参与移动互联网知识分享活动。根据现有相关研究结果，结合案例研究内容，本节提出以下假设：

H8：技术效能性与中职教师移动设备知识分享行为呈正相关。

7. 教师岗位类型

根据中职学校教师岗位教学内容实际情况，中职教师岗位类型主要分为文化课教师、专业课教师、实习指导教师以及专业课兼实习指导教师等。本实证研究考虑到教师岗位类型差异会对教师知识分享产生影响，将教师岗位类型设置为调节变量，研究其在知识生态因子对知识分享意愿和知识分享行为影响中的调节作用。根据现有相关研究结果，结合案例研究内容，本节提出以下假设：

Ht-1：教师岗位类型在知识有用性对知识分享意愿中起调节作用。

Ht-2：教师岗位类型在组织激励对知识分享意愿中起调节作用。

Ht-3：教师岗位类型在信任对知识分享意愿中起调节作用。

Ht-4：教师岗位类型在技术效能性对知识分享行为中起调节作用。

综上所述，本章构建的中职教师移动设备知识分享行为影响因素模型如图5-8所示。

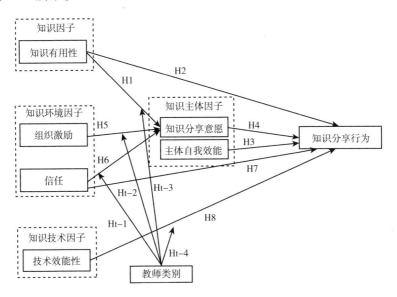

图 5-8　中职教师移动设备知识分享影响因素模型

5.4.2　问卷设计与发放

1. 问卷设计

本节借鉴相关成熟量表，结合案例实际情况以及中职学校专家建议，设计适合本研究的调查问卷，采用李克特5级量表形式。首先在线下以纸质问卷的形式进行小范围调查，根据被试者提出的建议，与专家进行交流，修改和完善调查问卷；然后通过在线问卷方式进行大范围调查，收集数据，使用统计分析软件SPSS20.0和AMOS21.0对研究数据进行处理，检验和优化研究模型，分析中职教师知识分享影响机理。问卷的影响因素及其测量题项相关内容如表 5 - 1 所示。

表 5 - 1   影响因素与观测变量

影响因素	编号	题项（观测变量）	参考文献
知识 有用性 （KU）	KU1	教师在社交媒体上分享的知识，提升了我的工作绩效	黄秀柱（2015）、 曹茹烨（2017）
	KU2	教师在社交媒体上分享的知识，使我获得了新的知识信息、技能等	
	KU3	我认为教师在社交媒体上分享的知识是有价值的	
组织激励 （ORM）	ORM1	我希望学校对有影响的知识分享行为进行奖励	郭宇（2016）
	ORM2	我认为知识分享行为能得到同事的认可与赞赏	
	ORM3	我认为从别人处获得知识是对我知识分享行为的回馈	
技术效 能性 （TE）	TE1	我所使用的移动设备和移动网络能够支持知识分享	郭宇（2016）
	TE2	我所使用的社交媒体能够支持知识分享功能	
	TE3	我所使用的社交媒体功能全面，可以提供各种形式的知识分享方式	
知识分 享意愿 （KSI）	KSI1	我愿意通过社交媒体分享工作中获得的知识技能或经验	李海英（2013）、 郭宇（2017）
	KSI2	我愿意利用社交媒体与同事分享有价值的信息	
	KSI3	我愿意在未来通过社交媒体分享我的工作经验与知识	
主体自 我效能 （SE）	SE1	我能够利用社交媒体分享专业知识或教学经验给其他教师	曹茹烨（2017）、 陈志珠（2010）
	SE2	在社交媒体平台中，我能够清晰地将信息或知识表达出来	
	SE3	我熟悉多种社交媒体的操作与功能，能顺利进行知识分享	
信任 （TRS）	TRS1	如果社交媒体上其他成员都是值得信任的，我会积极分享知识	张宸瑞（2016）
	TRS2	如果社交媒体上其他成员多数是自己的同事、朋友等熟人，我会积极分享知识	
	TRS3	通过在社交媒体上共享我的知识，我相信当我需要时，其他成员也会乐于分享出他们的知识	
	TRS4	我相信其他成员会分享他们的知识，所以我愿意分享我的知识	
知识分 享行为 （KSB）	KSB1	我会将自己的教学技能或工作经验分享给社交媒体上的其他成员	曹茹烨（2017）、 金俊加（2015）
	KSB2	我经常与同事通过社交媒体进行经验交流、知识分享	
	KSB3	我曾通过社交媒体向其他教师分享过有用的信息	
	KSB4	我所在的学校会通过社交媒体分享教学技能或培训经验	
	KSB5	我所在的学校会使用社交媒体进行教学信息、资料、文档的分享	

问卷内容分为三部分：第一部分为问卷说明，向被试简单介绍研究

目的以及问卷中可能存在的疑惑；第二部分是关于用户一般特征的调查，主要是被试个人基本信息方面的客观问题；第三部分是调查问卷主体部分，针对本章所构建研究模型中的 7 个潜变量，共设立了 24 个测量题项。

2. 问卷发放与回收

本研究以浙江省中职教师作为问卷调查对象，具体包括文化课教师、专业课教师、实习指导教师等。调查问卷发放于 2018 年 9 月 11 日，完全回收于 2018 年 9 月 30 日，共回收调查问卷 387 份，回收后对问卷进行鉴别和筛选，针对必答项缺失数量大于 6、在线答题时间低于 100 秒的问卷予以剔除，利用 SPSS 软件箱图分析功能来处理问卷中异常数据，得到最终有效问卷 341 份，问卷有效率为 88.11%。

5.4.3　问卷数据分析

1. 数据描述性分析

使用 SPSS20.0 软件对问卷数据开展描述性统计分析，分析内容包括：被试基本信息统计分析、问卷中用于验证模型的题项数据统计分析等，确定问卷结构和数据信效度以及被试的基本特征，保证问卷的科学性，为研究模型验证和假设检验奠定基础。

对被试的性别、年龄、教师类别、教龄、最高学历和社交媒体类型进行了统计分析，如表 5-2 所示。被试群体中男性教师有 148 人，占被试总体的 43.4%，女性教师有 193 人，占被试总体的 56.6%。被调查的中等职业教师年龄在 20~29 岁之间的有 48 人，仅占总体的 14.1%，在 30~39 岁之间的有 161 人，占被试总体的 47.2%；在 40~49 岁之间的有 108 人，占总体的 31.7%，而 50 岁以上的教师有 24 人，占总体的 7%。被试者属于文化课教师的有 86 人，占总体 25.2%，属于专业课教师的有 161 人，占总体的 47.2%，实习指导教师有 32 人，占 9.4%，此外还有专业课兼实习指导教师 62 人，占总体的 18.2%。被试教龄不足 5 年（含 5 年）的有 88 人，占总体的 25.8%，教龄在 6~10 年的有 136 人，占总体的 39.9%，教龄在

11~15年的有28人，占总体的8.2%，教龄在15年以上的有89人，占总体的26.1%。被试群体中最高学历为本科的有241人，占总体的70.7%，最高学历为硕士的有99人，占总体的29%，拥有博士学历的仅有1人，仅占总体的0.3%。所有被试都使用微信社交工具，使用QQ社交工具的被试占总体的90.9%，使用微博的被试占总体的30.5%，使用百度文库的被试占总体的50.1%，使用知乎的被试占总体的24.3%，使用其他社交媒体的被试占总体的12.6%。

表5-2　　　　　　　　　　被调查者基本概况

项目		频率（人）	比例（%）
性别	男	148	43.40
	女	193	56.60
年龄	20~29岁	48	14.10
	30~39岁	161	47.20
	40~49岁	108	31.70
	50岁及以上	24	7.00
教师岗位类型	文化课教师	86	25.20
	专业课教师	161	47.20
	实习指导教师	32	9.40
	专业课兼实习指导教师	62	18.20
教龄	5年及以下	88	25.80
	6~10年	136	39.90
	11~15年	28	8.20
	15年以上	89	26.10
最高学历	本科	241	70.70
	硕士	99	29.00
	博士	1	0.30
媒体类型	微信	341	100.00
	QQ	310	90.90
	微博	104	30.50
	百度文库	171	50.10
	知乎	83	24.30
	其他	43	12.60

对收集的有效数据进行描述性统计分析，分析结果如表 5-3 所示，各测量变量均值均在 3 以上，不存在被试极端意愿现象，各测量项数据标准差基本处于 0.6~0.8，数据较为稳定。从表 5-3 可知测量变量偏度和峰度都满足正态分布要求。

表 5-3　　　　　　　　　　测量题项的描述性统计分析

测量变量	个案数	最小值	最大值	平均值	标准差	偏度	峰度
KU1	341	2	5	3.43	0.714	-0.013	-0.262
KU2	341	2	5	3.36	0.757	0.225	-0.226
KU3	341	2	5	3.76	0.647	0.146	-0.490
ORM1	341	2	5	3.68	0.595	-0.251	-0.026
ORM2	341	2	5	3.84	0.604	-0.074	-0.021
ORM3	341	2	5	3.82	0.583	-0.048	-0.067
TE1	341	2	5	3.66	0.662	0.082	-0.308
TE2	341	2	5	3.58	0.721	0.296	-0.412
TE3	341	2	5	3.60	0.669	0.498	-0.513
SE1	341	3	5	3.80	0.575	0.031	-0.284
SE2	341	2	5	3.73	0.578	0.014	-0.364
SE3	341	3	5	3.99	0.586	0.002	-0.069
TRS1	341	2	5	3.76	0.608	0.095	-0.397
TRS2	341	2	5	3.73	0.658	-0.023	-0.222
TRS3	341	2	5	3.76	0.618	0.051	-0.317
TRS4	341	2	5	3.70	0.608	0.111	-0.418
KSI1	341	2	5	3.67	0.637	0.081	-0.321
KSI2	341	2	5	3.73	0.666	0.062	-0.354
KSI3	341	2	5	3.75	0.607	0.102	-0.410
KSB1	341	2	5	3.59	0.643	0.240	-0.361
KSB2	341	2	5	3.61	0.746	-0.039	-0.318
KSB3	341	2	5	3.58	0.701	0.020	-0.248
KSB4	341	2	5	3.57	0.731	-0.026	-0.277
KSB5	341	2	5	3.77	0.685	0.212	-0.689
有效数	341						

2. 探索性因子分析

对问卷数据进行 KMO 和 Bartlett 球形检验，检验结果如表 5 - 4 所示，KMO 值为 0.910，且显著性符合要求，证明本研究调查问卷数据适合做因子分析。

表 5 - 4   **KMO 和 Bartlett 的检验**

项目		数值
KMO		0.910
Bartlett 球形检验	近似卡方	5568.693
	自由度	276
	显著度	0.000

使用 SPSS 软件因子分析方法所得的总方差解释如表 5 - 5 所示，从表 5 - 5 中分析可知，提取 7 个公因子累积可解释 73.424% 的信息内容，具有足够的问卷内容代表性，可认为设置 7 个潜变量是合理的。

表 5 - 5   **总方差解释**

成分	初始特征值			提取载荷平方和			旋转载荷平方和		
	总计	方差百分比	累积（%）	总计	方差百分比	累积（%）	总计	方差百分比	累积（%）
1	9.027	37.612	37.612	9.027	37.612	37.612	3.307	13.778	13.778
2	2.182	9.090	46.702	2.182	9.090	46.702	2.969	12.369	26.147
3	1.737	7.237	53.938	1.737	7.237	53.938	2.344	9.765	35.912
4	1.426	5.940	59.879	1.426	5.940	59.879	2.306	9.607	45.519
5	1.204	5.016	64.895	1.204	5.016	64.895	2.248	9.368	54.887
6	1.111	4.627	69.522	1.111	4.627	69.522	2.236	9.318	64.205
7	0.937	3.903	73.424	0.937	3.903	73.424	2.213	9.220	73.424
8	0.654	2.726	76.150						

本研究通过使用 SPSS 软件主成分分析法，采用方差最大化正交旋转方式来提取公因子，结果如表 5 - 6 所示。表 5 - 6 中数据分析可知，每个题目均不存在交叉负荷，即不存在共线性问题，题目均符合每个维度的原始设置。

表5-6 旋转后的因子

影响因素	知识分享行为	信任	主体自我效能	知识有用性	知识分享意愿	组织激励	技术效能性
KSB4	0.775						
KSB3	0.754						
KSB2	0.735						
KSB5	0.678						
KSB1	0.648						
TRS2		0.803					
TRS3		0.794					
TRS4		0.763					
TRS1		0.727					
SE3			0.824				
SE1			0.797				
SE2			0.768				
KU3				0.796			
KU1				0.788			
KU2				0.785			
KSI2					0.794		
KSI1					0.758		
KSI3					0.726		
ORM2						0.831	
ORM3						0.797	
ORM1						0.792	
TE3							0.814
TE2							0.796
TE1							0.691

注：提取方法为主成分分析法；旋转方法为凯撒正态化最大方差法。

3. 信度分析

信度是指测量结果的可靠性或稳定性程度。伯恩斯坦（Bernstein，1994）提出合理的调查问卷 Cronbach's α 应大于0.7。由表5-7可知，本研究调查问卷标准化的 Cronbach's α 为0.926，表明该问卷整体信度较好。

表 5 - 7   问卷数据可靠性分析

Cronbach's α	基于标准化项的 Cronbach's α	项数
0.926	0.926	24

此外，本研究分别对 7 个研究变量的测量项进行可靠性分析。以知识有用性为例，知识有用性测量模型的 Cronbach's α 值为 0.827（见表 5 - 8），满足大于 0.7 的数值要求，表明知识有用性的测量模型具备较好的内部一致性。分析其相关系数和校正的项总计相关性发现，知识有用性的三个测量项在同一个构面上的相关系数分别为 0.675、0.588，0.582（见表 5 - 9），这些数值均大于 0.3 小于 0.85，校正后的项与总计相关性数值均在 0.6 以上，满足数值应大于 0.5 的基本要求，所以知识有用性测量模型具有较好的信度。按照同样的方法测量其他 6 个研究变量的模型，数值均符合上述要求。

表 5 - 8   知识有用性可靠性分析

研究变量	测量项	Cronbach's α
知识有用性	KU1；KU2；KU3	0.827

表 5 - 9   相关系数和校正的项总计相关性

测量项	KU1	KU2	KU3	校正的项总计相关性
KU1	1.000	0.675	0.588	0.713
KU2	0.675	1.000	0.582	0.708
KU3	0.588	0.582	1.000	0.639

4. 效度分析

本研究所使用的问卷是参考了相对成熟已公开的量表并听取领域内专家建议之后制定的，且在大范围发放之前进行小范围预试，在此基础上对问卷进行了修整，最大可能将问卷做到语句流畅，表述清晰，简单易懂，以提高问卷题项内容的合理性，确保研究所使用的问卷具有较好的内容效度。本研究借助 AMOS21.0 对研究变量做验证性因子分析和结构效度的检验。根据吴明隆（2007）所著《结构方程模型》中的模型检验各指标名称、评价标准以及说明，如表5-10所示。

表5-10 模型各指标数据参考标准以及相关说明

指标名称	评价标准	说明
标准误 S. E	>0	不存在违犯估计
临界比值 C. R.	>1.96 且 P<0.05	观察变量与所属维度相关性显著
标准化因子载荷量	>0.6	观察变量被所属维度解释变异较大，适配度好
多元相关平方 SMC	>0.36	模型检验良好
组合信度 CR	>0.7	同一维度观察变量间可信性较好，信度良好
平均方差抽取量 AVE	>0.5	观察变量能有效反映其共同维度的潜在特质，效度良好
卡方与自由度比值	<3	值越小，说明模型的协方差矩阵与观察数据越适配

本研究问卷数据验证性因子分析汇总结果如表5-11所示，各维度及测量项的标准误均大于0，不存在违犯估计的问题；临界比值大于1.96，概率值小于0.001，表明观察变量显著属于其所在维度。

表5-11 验证性因子分析汇总

潜变量	观察变量	参数显著性估计					组成信度	收敛效度	
		非标准化因子载荷	S. E.	Z－Value	P	标准化因子载荷	SMC	C. R.	AVE
知识有用性	KU1	1.000				0.826	0.682	0.829	0.619
	KU2	1.048	0.078	13.387	***	0.818	0.669		
	KU3	0.792	0.063	12.575	***	0.712	0.507		
组织激励	ORM1	1.000				0.639	0.408	0.808	0.587
	ORM2	1.330	0.123	10.857	***	0.837	0.701		
	ORM3	1.239	0.113	10.948	***	0.807	0.651		
技术效能性	TE1	1.000				0.681	0.464	0.805	0.582
	TE2	1.388	0.126	10.987	***	0.869	0.755		
	TE3	1.083	0.097	11.168	***	0.725	0.526		

续表

潜变量	观察变量	参数显著性估计					组成信度	收敛效度	
		非标准化因子载荷	S. E.	Z - Value	P	标准化因子载荷	SMC	C. R.	AVE
自我效能	SE1	1.000				0.883	0.780	0.849	0.653
	SE2	0.906	0.062	14.680	***	0.797	0.635		
	SE3	0.853	0.061	13.867	***	0.737	0.543		
信任	TRS1	1.000				0.728	0.530	0.871	0.629
	TRS2	1.066	0.084	12.692	***	0.726	0.527		
	TRS3	1.199	0.081	14.789	***	0.860	0.740		
	TRS4	1.166	0.079	14.663	***	0.849	0.721		
知识分享意愿	KSI1	1.000				0.833	0.694	0.872	0.696
	KSI2	1.149	0.066	17.300	***	0.917	0.841		
	KSI3	0.854	0.056	15.147	***	0.744	0.554		
知识分享行为	KSB1	1.000				0.739	0.546	0.866	0.564
	KSB2	1.125	0.089	12.618	***	0.725	0.526		
	KSB3	1.062	0.084	12.651	***	0.727	0.529		
	KSB4	1.242	0.089	14.024	***	0.812	0.659		
	KSB5	1.076	0.083	12.992	***	0.747	0.558		

深入分析表 5 – 11 相关数据可知，本研究中所有的标准化因子载荷量均满足数值要求，所以，各维度的潜变量设置能够较好地解释该维度下各个观测题项。观察变量的解释变异量 SMC 值均大于标准值要求的 0.36，且大多数大于 0.5，各因子的组合信度 CR 值满足检验数值的基本要求（>0.7）；各观察变量的平均方差萃取量（AVE）满足数值要求（>0.5），即各观察变量能够反映其所属维度的潜变量，表明问卷题项设置合理。综上所述，本研究量表中各维度具备较好的收敛效度。

区分效度是指不同潜变量之间相关性不显著。评价区分效度的标准是变量之间相关系数小于 0.85，且小于潜变量自身平均方差萃取率的平方根。由表 5 – 12 可知，本研究数据的区别效度均符合要求，不存在共线性问题，各变量之间彼此独立，问卷 7 个维度具备较好的区别效度。

表 5 – 12 区分效度

潜变量	AVE	知识分享行为	知识分享意愿	信任	主体自我效能	技术效能性	组织激励	知识有用性
知识分享行为	0.564	0.751						
知识分享意愿	0.696	0.688	0.834					
信任	0.629	0.584	0.553	0.793				
主体自我效能	0.653	0.545	0.469	0.652	0.808			
技术效能型	0.582	0.601	0.557	0.466	0.398	0.763		
组织激励	0.587	0.459	0.474	0.405	0.387	0.289	0.766	
知识有用性	0.619	0.524	0.611	0.393	0.312	0.616	0.261	0.787

5. 模型拟合检验

结构方程模型（SEM）能对研究模型整体进行分析与检验，模型拟合度与模型可用性和参数估计现实意义成正比。本研究采用最大似然法（maximum likelihood）进行参数估计，并从模型相似性和相异性维度指标对模型的拟合度进行评判，相似性指标包括 GFI、AGFI、CFI、TLI 等，相异性指标主要包括 RSMEA、SRMR 等。具体评价指标和评价标准如表 5 – 13 所示。

表 5 – 13 结构方程模型评价指标

评价指标	评价标准
Chi-Square（卡方）	越小越好
自由度	越大越好
卡方/自由度	小于 3
GFI	大于 0.8 是可接受模型，大于 0.9 是理想模型
AGFI	大于 0.8 是可接受模型，大于 0.9 是理想模型
RMSEA	小于 0.08 是可接受模型，小于 0.05 是理想模型
SRMR	小于 0.08 是可接受模型，小于 0.05 是理想模型
CFI	大于 0.8 是可接受模型，大于 0.9 是理想模型
TLI（NNFI）	大于 0.8 是可接受模型，大于 0.9 是理想模型

本研究将调查收集到的数据用 AMOS 软件进行检验，结果如图 5 – 9 所示，模型评价指标值如表 5 – 14 所示。

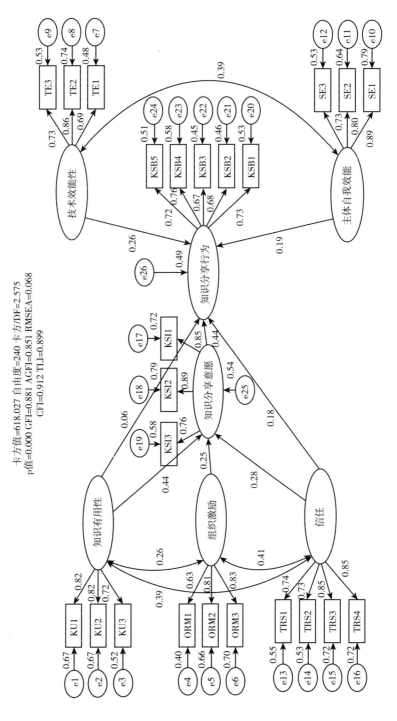

卡方值=618.027 自由度=240 卡方/DF=2.575
p值=0.000 GFI=0.881 AGFI=0.851 RMSEA=0.068
CFI=0.912 TLI=0.899

图 5 - 9 初始模型参数估计结果

表 5 - 14 模型总体拟合检验 （AMOS21. 0，N = 341）

适配指标名称	评价标准		指标值	拟合情况
	好	可以接受		
Chi-square	越小越好	越小越好	618. 027	符合标准
自由度	越大越好	越大越好	240	符合标准
卡方/自由度	<3	3 ~ 5	2. 575	符合标准
GFI	>0. 9	0. 7 ~ 0. 9	0. 881	可接受
AGFI	>0. 9	0. 7 ~ 0. 9	0. 851	可接受
RMSEA	<0. 05	0. 05 ~ 0. 08	0. 068	符合标准
CFI	>0. 9	0. 7 ~ 0. 9	0. 912	符合标准
TLI	>0. 9	0. 7 ~ 0. 9	0. 899	可接受

表 5 - 14 显示的模型总体拟合检验相关指标数据表明：卡方与自由度的比值小于 3，RMSEA 小于 0. 08，GFI 为 0. 867，AGFI 为 0. 851，达到可接受标准，CFI 和 TLI 达到理想标准。即本研究模型的总体拟合度较好，能够作为研究问题模型开展实际意义的分析工作。

5.4.4　知识分享行为的人口特征状况及方差齐性检验

为了研究知识因子、知识环境因子、知识技术因子、知识主体因子和知识分享行为的内部结构关系，本研究分别以性别、年龄、教龄、学历等为自变量，对知识分享行为影响程度进行方差齐性检验，结果如表 5 - 15 所示。

表 5 - 15 方差齐性检验

项目	被比较项 （I）	比较项 （J）	均值差	标准误	显著性	95% 置信区间	
						下限	上限
		年龄					
技术效能性	46 岁及以上	36 ~ 45 岁	0. 667 *	0. 280	0. 018	0. 120	1. 220
		18 ~ 25 岁	1. 088 *	0. 479	0. 024	0. 150	2. 030
知识分享行为	18 ~ 25 岁	46 岁及以上	1. 624 *	0. 783	0. 039	- 3. 160	- 0. 080
		26 ~ 35 岁	1. 678 *	0. 725	0. 021	- 3. 100	- 0. 250

项目	被比较项（I）	比较项（J）	均值差	标准误	显著性	95% 置信区间	
						下限	上限
		教师岗位类型					
技术效能性	文化课教师	专业课教师	0.672 *	0.291	0.021	0.100	1.240
		专业课兼实习教师	1.033 *	0.468	0.028	0.110	1.950
知识分享行为	专业课兼实习教师	文化课教师	1.512 *	0.764	0.049	−3.020	−0.010
		实习指导教师	1.550 *	0.694	0.026	−2.910	−0.190
		最高学历					
技术效能性	大专	本科	0.666 *	0.298	0.026	0.080	1.250
		硕士	0.786 *	0.313	0.012	0.170	1.400
		教龄					
知识分享行为	5 年及以下	11 ~ 15 年	1.028 *	0.446	0.022	−1.910	−0.150
		15 年以上	−0.953 *	0.458	0.038	−1.850	−0.050

注：* 表示 $P < 0.05$。

（1）年龄与知识技术因子和知识分享行为影响因子的相互关系。$18 \sim 25$ 岁（$P = 0.024 < 0.05$）与 $26 \sim 35$ 岁（$P = 0.018 < 0.05$）和 46 岁及以上的教师在技术效能性上有显著的差异；$18 \sim 25$ 岁与 $26 \sim 35$ 岁（$P = 0.021 < 0.05$）和 46 岁及以上（$P = 0.039 < 0.05$）的教师在知识分享行为上有显著的差异。信息技术快速发展以及在教育领域深度应用，年龄较小的教师能够接触到较多的移动设备，无论在学习还是教学环境中，都处于不同的社交网络中，对知识传播具有较强的创新实践行为，有助于增加个体学习经验和知识储备能力。而年较龄大的教师行为比较稳定，信息技术应用操作也会遇到困难，对不确定的知识分享比较谨慎，信息技术在教学中应用意愿较低，对知识分享环境认知更为敏感。

（2）教师类别与知识技术因子和知识分享行为影响因子的相互关系。专业课兼实习指导教师与文化课教师（$P = 0.049 < 0.05$）和实习指导教师（$P = 0.026 < 0.05$）在知识分享行为上有显著的差异；文化课教师与专业课教师（$P = 0.021 < 0.05$）和专业课兼实习教师（$P = 0.028 < 0.05$）在技术效能性上有显著的差异。职业学校更加重视专业课教学，在学校内部，教授专业课的教师会更加在意职称的评定，同时教师之间也会存在更强

烈的竞争意愿，这与教师间的信任关系是成反比的；而实习指导教师一方面要提高自身专业能力素质，一方面又要回避知识分享，尽可能保守自己的知识，在专业技能大赛指导以及特色资源设计与应用方面会有所保留。

（3）学历与知识技术因子的相互关系。本科学历（$P = 0.026 < 0.05$）与硕士学历（$P = 0.012 < 0.05$）和大专学历在技术效能性上有显著的差异。知识技术学习是一个内化的过程，随着学历的提高，知识储备量也在不断增加。教师在长期实践和学习过程中积累了大量的隐性知识和技术性知识，学历越高，教师的学术技能方向越专一，因此能够更高效地利用信息技术手段迅速、准确地获取所需的知识，开展知识分享。

（4）教龄与知识分享行为影响因子的相互关系。5年及以下与11~15年（$P = 0.022 < 0.05$）和15年以上（$P = 0.038 < 0.05$）的教师在知识分享行为上有显著的差异。教龄较高的教师对传统教学知识较为了解，个人所拥有的专业知识是保证教师在学校环境地位的重要因素，如果分享知识，知识拥有者也许会失去自身所拥有的独特知识优势，且更多精力关注在职业发展规划及家庭层面；而刚入职的教师对教学过程还不是很熟悉，一般通过数字化设备获取更多的新知识，以此获得领导的认可，并学习到更多与专业相关的教科研知识。

职业学校教师的年龄、教龄、学历和教师类别对教师知识分享行为存在着一定的影响。学历仅对知识技术因子有显著差异；年龄、教龄和教师类别在知识分享行为上有显著差异，但人口特征对知识因子、知识环境因子和知识主体因子都没有产生明显差异，知识因子、知识环境因子、知识技术因子、知识主体因子和知识分享行为不存在性别差异性关系。

5.4.5　知识分享行为影响因子相互关系层次回归分析

为了探究各因子对知识分享行为因子的内部潜在影响，本研究采用层次回归方法，将知识有用性、人际信任、组织激励和技术效能性依次纳入回归方程，结果如表5-16所示，显著性F变化量达到显著说明各模型拟合度较好，各系数显著性达到显著反映了自变量与因变量的显著关联，对教师知识分享行为影响因子内部关系具有一定的预测作用。

表5-16　　　　　　　　　　知识分享行为回归分析结果

项目	知识分享意愿				知识分享行为		
	模型1	模型2	模型3	模型4	模型5	模型6	模型7
知识有用性	0.532***	0.413***	0.381***	0.301***	0.443***	0.168***	
人际信任		0.344***	0.282***	0.239***			
组织激励			0.222***	0.210***			
技术效能性				0.192***			0.271***
知识分享意愿						0.517***	0.474***
F	133.763***	57.281***	25.528***	15.726***	82.541***	196.526***	32.778***
R^2	0.283	0.387	0.430	0.456	0.196	0.367	0.423
Adj R^2	0.281	0.383	0.425	0.449	0.193	0.365	0.420

注：***表示P<0.001。

模型1显示，知识有用性与知识分享意愿存在显著关系，知识有用性与知识分享意愿存在显著的正相关关系（β=0.523，P<0.001）；模型2在模型1的基础上加入人际信任变量后，知识有用性（β=0.413，P<0.001）和人际信任（β=0.344，P<0.001）均与知识分享意愿呈显著正相关；模型3在模型2的基础上加入组织激励变量后，知识有用性（β=0.381，P<0.001）、人际信任（β=0.282，P<0.001）和组织激励（β=0.222，P<0.001）均对知识分享意愿有显著的积极影响；模型4在模型3的基础上进一步将技术效能性引入回归模型后，知识有用性（β=0.301，P<0.001）、人际信任（β=0.239，P<0.001）、组织激励（β=0.210，P<0.001）和技术效能性（β=0.192，P<0.001）均与知识分享意愿呈显著正相关。模型5显示知识有用性（β=0.443，P<0.001）对知识分享行为存在显著的积极影响；模型6在模型5的基础上增添了知识分享意愿影响因素，知识分享意愿（β=0.517，P<0.001）和知识有用性（β=0.168，P<0.001）能够显著影响知识分享行为；模型7进一步将技术效能性引入回归模型后，技术效能性（β=0.271，P<0.001）和知识分享意愿（β=0.474，P<0.001）均与知识分享行为有显著的正相关关系；而知识有用性回归系数不再显著，表明当社交网络提供的支持服务已促使教师产生知识分享意愿时，知识有用性与知识分

享行为的正相关关系就不再显著。

5.4.6　假设检验与模型优化

1. 潜变量假设检验

本研究利用 AMOS21.0 软件，使用最大似然法对结构方程模型中的路径合理性进行参数估计，验证各潜变量之间的影响关系。潜变量假设检验结果如表 5 - 17 所示。

表 5 - 17　　　　　　　　　　潜变量假设检验

假设	DV	IV	unstd.	S. E.	C. R.	P	std.	R 方
H5	知识分享意愿	组织激励	0.363	0.083	4.376	***	0.252	0.541
H6		信任	0.331	0.070	4.731	***	0.277	
H1		知识有用性	0.408	0.055	7.490	***	0.437	
H4	知识分享行为	知识分享意愿	0.354	0.066	5.393	***	0.438	0.494
H3		主体自我效能	0.159	0.049	3.262	0.001	0.187	
H8		技术效能性	0.247	0.059	4.216	***	0.256	
H2		知识有用性	0.047	0.053	0.894	0.371	0.063	
H7		信任	0.173	0.062	2.797	0.005	0.179	

注：*** 表示 $P < 0.001$。

根据表 5 - 17 可知，除假设 2 之外，所有路径假设的标准误差、临界比值和显著性均满足假设成立的数值要求。假设路径 H2 中的临界比值为 0.894 (<1.96)，P 值为 0.371 (>0.05)，表明 H2 路径假设不成立，说明知识有用性对知识分享行为不会产生直接影响作用。

2. 调节变量假设检验

调节变量是指如果变量 M 会影响变量 Y 与变量 X 的相关关系，那么变量 M 就是调节变量。调节变量的类型包括类别变量和连续变量，本节将教师岗位类型作为调节变量进行研究。

本研究利用 AMOS21.0 软件以教师岗位类型为区别变量进行多群组分析来验证调节变量路径假设合理性。教师岗位类型调节作用分析结果如表 5-18 所示。

表 5-18 教师岗位类型调节作用

假设	作用关系	P	路径系数				假设是否成立
			文化课	专业课	实习指导	专业课兼实习指导	
Ht-1	教师岗位类型在知识有用性对知识分享意愿中起调节作用	0.215	0.512	0.598	0.690	0.639	否
Ht-2	教师岗位类型在组织激励对知识分享意愿中起调节作用	0.111	0.524	0.489	0.478	0.485	否
Ht-3	教师岗位类型在信任对知识分享意愿中起调节作用	0.031	0.687	0.472	0.649	0.579	是
Ht-4	教师岗位类型在技术效能性对知识分享行为中起调节作用	0.647	0.593	0.540	0.765	0.638	否

由表 5-18 可知,只有路径 Ht-3 显著性成立,即教师岗位类型仅在信任对知识分享意愿的影响作用中存在调节效果。而在知识有用性和组织激励对知识分享意愿的影响过程中没有明显的调节效果,在技术效能性对知识分享行为的影响中同样不存在调节效果,假设 Ht-1、Ht-2 以及 Ht-4 不成立。

3. 中介变量假设检验

卢谢峰 (2007) 等认为如果自变量 X 通过变量 M 对因变量 Y 产生作用,那么变量 M 就是中介变量。中介效果作用机理如图 5-10 所示。中介效果分为完全中介和部分中介。图 5-10 中 a、b、c 代表变量之间的作用效果,如果变量 X 直接影响变量 Y 的同时也通过变量 M 作用于变量 Y,那么变量 M 的中介效果为部分中介效果,此时变量 X 对变量 Y 的影响效果为间接效果 a×b 加上直接效果 c;如果变量 X 不能直接影响变量 Y,而是全部通过变量 M 影响变量 Y,那么变量 M 的中介效果为完全中介效果,变量 X 对变量 Y 的影响效果为间接效果 a×b。

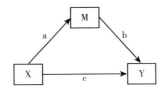

图 5-10　中介效应作用机理

　　本研究假设中，知识分享意愿作为中介变量影响知识分享行为，采用 AMOS21.0 软件中的 Bootstrapping 置信区间方法检验知识分享意愿的中介效应。中介变量假设检验结果如表 5-19 所示。

表 5-19　　　　　　　　知识分享意愿中介检验效果

因素分析	作用效果	点估计值	系数相乘积		Bootstrapping 置信区间	
			标准误 S. E.	Z 值	Bias-corrected 95% CI	
					下限	上限
H4-1：知识有用性 ——知识分享行为	间接效果	0.145	0.037	3.919	0.087	0.234
H4-2：组织激励 ——知识分享行为	间接效果	0.128	0.053	2.415	0.049	0.272
H4-3：信任 ——知识分享行为	总效果	0.117	0.041	2.854	0.058	0.227
	直接效果	0.173	0.079	2.190	0.020	0.339
	间接效果	0.290	0.078	3.718	0.139	0.458

　　由表 5-19 分析可知：模型假设 H4-1、假设 H4-2 和假设 H4-3 的间接效果、直接效果和总效果的 Z 值均大于 1.96，Bias-corrected 95% CI 均不包含 0，满足中介效应显著性成立的数值要求，即知识有用性、组织激励和信任都会通过用户的知识分享意愿影响其分享行为，并且知识有用性和组织激励对知识分享行为仅具有间接影响效果，不会直接对知识分享行为产生影响，信任因素对知识分享行为同时具有直接影响和间接影响，信任可以直接影响知识分享行为，也能够通过影响用户的知识分享意愿进而影响其分享行为。

　　4. 模型优化

　　本章假设检验部分研究发现假设路径 H2 显著性不成立，在模型中需删除该路径假设，使用 AMOS 软件优化中职教师移动设备知识分享行为的影响因素模型，优化后的模型如图 5-11 所示。

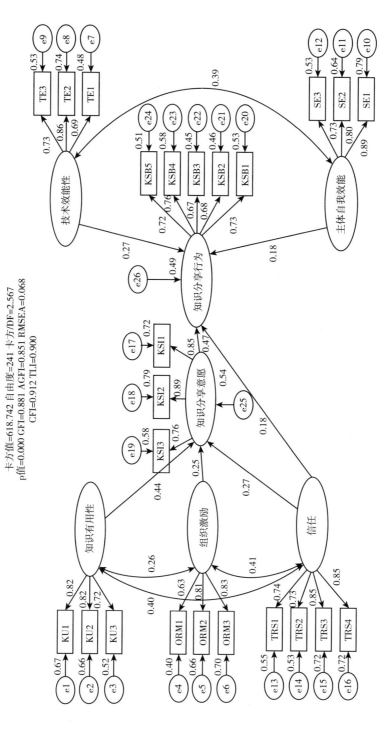

图 5－11 中职教师移动设备知识分享影响因素优化模型

优化后的模型拟合度各项评价指标均达到可接受标准，路径假设检验结果如表5-20所示，所有路径假设均显著成立，即知识有用性、组织激励、信任与知识分享意愿存在显著正相关，知识分享意愿、信任、技术效能性、主体自我效能对知识分享行为产生显著积极影响。

表5-20　　　　　　　　优化后的模型路径系数检验

假设	路径			标准化路径系数	S. E.	C. R.	P	显著性
H1	知识分享意愿	< - - -	知识有用性	0.441	0.069	7.340	***	非常显著
H3	知识分享行为	< - - -	主体自我效能	0.183	0.056	2.774	0.006	显著
H4	知识分享行为	< - - -	知识分享意愿	0.472	0.059	6.422	***	非常显著
H5	知识分享意愿	< - - -	组织激励	0.253	0.062	4.524	***	非常显著
H6	知识分享意愿	< - - -	信任	0.274	0.070	4.710	***	非常显著
H7	知识分享行为	< - - -	信任	0.180	0.069	2.520	0.012	显著
H8	知识分享行为	< - - -	技术效能性	0.272	0.064	4.079	***	非常显著

注：*** 表示 P < 0.001。

5.4.7　移动设备知识分享影响机理分析

本节从知识有用性、信任、组织激励、主体自我效能、技术效能性和知识分享意愿等维度对职业学校教师知识分享行为影响因子的相互关系进行分析，结果发现：移动设备支持下知识分享行为最主要的影响因素是知识因子，即知识有用性与知识分享意愿的相关性非常显著；其次是知识主体对知识分享过程的影响，知识分享意愿影响知识分享行为的路径假设在99%的水平下相关系数为0.438，知识主体的自我效能性与知识分享行为的相关性在90%的水平下是显著的，因此知识主体因子是知识分享行为的影响因素之一。知识环境因子中，组织激励和信任对知识分享意愿的影响作用在99%的水平下均显著成立；知识技术因子中的技术效能性与知识分享行为的相关关系在99%的水平下显著成立。知识因子和知识环境因子通过知识主体因子对知识分享行为影响因子产出有间接影响。这一发现可以推论出教师知识分享影响因素的内部结构和作用机理：人际信任和组织激励是影响知识分享行为的间接因子；知识分享意愿是影响知识分享行为的中介性因子，也是连接知识有用性、人际信任、组织激励和知识分享行为的纽带；知识分享行为受到知识因子、知识环境因子、知识技术因子以及知识主体因子的直接或间接影响。

1. 知识因子分析

知识有用性影响知识分享意愿的假设在 99% 的水平下显著成立，且相关系数为 0.437，临界比值为 7.490，远大于 1.96，即：知识信息越有用，知识主体进行知识分享的意愿程度就越大；知识分享意愿在知识有用性与知识分享行为之间的中介效应为 0.145，临界比值 3.919 大于 1.96，即假设成立，知识有用性会影响用户的知识分享意愿进而影响其分享行为，因此，分享的知识信息对用户越有用，用户分享知识的行为就越有可能发生。知识因子作为知识分享过程中的核心内容，其有用性对知识分享过程是极其重要的。中职教师所分享的包含教育教学心得、专业知识、实验经验和技能知识等在内的有效知识信息不仅是对同行教师有积极作用，对家庭层面、社会层面和政策层面均有成效。例如，有用的教学或专业技能知识可以帮助资历较浅的中职教师更好更快地理解专业信息和教师行业，答疑解惑更是最直接明显的作用，同行之间可以就分享的知识进行更深层次的交流，对双方均有益处；对家庭而言，中职学生本身具有的学情特殊性就决定了家长对他们不能像对普通中学生一样的学习要求，教师分享的内容能帮助家长较为专业地理解、支持和引导学生；对于社会来说，可以根据教师所分享的内容提出有助于中职学生健康成长的建议，给予更大的支持帮助完善中职学校工作机制以培养更符合社会需求的学生等。然而通过回归模型探究各影响因子对知识分享行为因子的内部潜在影响，发现当知识技术因子和知识主体因子满足知识分享行为时，知识因子回归系数不再显著。即教师主体自我效能具备技术分享条件并产生知识分享意愿时，知识是否有用与知识分享行为之间将不存在显著的相关性。综上，知识有用性通过知识分享意愿对知识分享行为产生正向的促进作用。

2. 知识主体因子分析

（1）知识分享意愿对知识分享行为的影响作用。知识分享意愿与知识分享行为在 99% 的水平下存在显著的相关性，且相关系数为 0.438。人的思维是支配其行为最直接的因素，知识分享意愿越强烈，知识分享行为发生的概率就越大，同时，分析知识分享意愿的中介效果可知，中职教师知识分享意愿在知识有用性、组织激励和信任等影响因素对知识分享行为的促进作用过程中均起到中介作用。

（2）主体自我效能对知识分享行为的影响作用。主体自我效能性与知识分享行为之间的相关关系在90%的水平下作用显著，相关系数为0.187，临界比值为3.262大于1.96，即中职教师的自我效能感越强，就越能够促进其开展知识分享活动。本节中的中职教师自我效能性主要表现为中职教师对自我专业知识、实践经验、技能指导能力的感知程度以及在网络环境下熟练使用网络平台和社交媒体各类交互功能的自我感知程度。对知识和平台掌握程度越大，越能帮助中职教师完成知识分享；而中职教师对自我能力的感知程度越大，越能说明其具备知识分享的知识条件和技能条件，越能促进知识分享活动的顺利完成。

3. 知识环境因子分析

（1）组织激励对知识分享行为的影响作用。在99%的水平下组织激励能够影响主体的知识分享意愿，相关系数为0.252，临界比值为4.376大于1.96，即组织激励对中职教师知识分享意愿具有正向影响作用，在移动设备支持下，中职教师之间联系更为密切，在现实环境和网络环境的作用下，知识分享主体会遭受更多的压力，同时也容易产生更大的动力，例如许多职业学校将教师在网络教学平台上的工作与真实情境下的工作结合起来考评其工作绩效，用户的知识分享行为容易受到知识分享意愿影响。

（2）信任对知识分享行为的影响作用。信任在99%的水平下对知识分享意愿的促进作用是非常显著的，临界比值为4.731大于1.96的数值要求，即信任能够正向促进知识分享意愿；相关系数为0.179，临界比值为2.797大于1.96，显著性P值小于0.05，满足数值要求，即知识分享意愿在信任对知识分享行为的影响过程中起着中介作用，同时也直接影响着知识分享行为的发生。本节中的信任既包括人与人之间的信任，也包括人与环境的信任。当知识主体对互联网环境有信任感之后，才会愿意在移动设备支持的各类平台上进行知识分享；当知识主体信任其他用户时，才会在愿意进行知识分享的基础上真正进行知识分享行为。因此，当信任值上升的时候，知识分享意愿程度才会提升，知识分享行为发生的概率才会增大。

4. 知识技术因子分析

知识技术因子，本研究具体指技术效能性，其与知识分享行为之间的相关关系在 99% 水平下是显著成立的，相关系数为 0.256，临界比值为 4.216 大于 1.96，即技术效能性能够正向促进主体的知识分享行为。移动设备支持下的知识分享离不开技术的支持，技术的作用体现在现代化的虚拟社区、多点同时上传、同步沟通等各个方面，技术能够支撑知识分享的每一个环节才能支撑起整个知识分享的过程。因此，当技术能够支撑知识分享时，知识分享行为才能够真正实施，技术效能性对知识分享行为起到直接影响作用。

本章小结

在知识分享服务研究中引入情境要素，不仅能更好地揭示知识分享的完整工作过程，而且也能更好地设计知识分享个性化服务，提升知识分享内容匹配度和服务满意度，提高知识分享质量和效率，更好地服务用户。本章从知识生态视角研究移动设备知识分享情境影响因素，采用量化研究方法，结合中职教师移动设备知识分享实证研究案例，详细阐述了移动设备知识分享的影响因素及其工作机理。

第6章　面向情境感知的主动知识
服务模型构建研究

科学技术进步推动知识型社会快速发展，也对知识服务内容与服务方式提出新要求，但面对急剧增长的异构知识，用户无法准确及时获取所需知识，问题的根本原因在于未能提供与用户情境状态相匹配的知识推送主动服务。本章聚焦情境感知视角下主动知识服务研究问题，引入主动服务ECA规则，研究ECA规则的知识模型和执行模型，借鉴情境感知应用主动服务优势，设计情境感知视角下的主动知识服务模型，阐述主动知识服务领域情境本体构建原理，为后续移动设备个性化知识服务设计提供理论基础。

6.1　主 动 知 识 服 务 概 述

移动互联网快速发展使得知识信息时代各项服务成为可能，知识共享性、开放性和个性化程度越来越高。个性化知识服务时代拉近了人与信息的距离，越来越多的用户使用各类知识服务系统，通过移动终端获取相关信息来满足其相应的知识需求。设计主动知识服务模型、提供精准知识服务成为本章研究的核心问题。

目前绝大多数知识服务不能根据服务情境变化而动态调整，知识服务匹配机理是固定的，不能满足用户的个性化需求。主动知识服务系统可以实现知识过滤与知识检索，为用户精准推送最匹配的知识内容。根据用户情境实时变化，将知识内容作为知识服务过程操作要素，主动供给用户所需知识内容，更好地解决用户知识获取及时性与准确性问题，已成为新时代知识服务研究领域的重要发展方向。

知识服务是将"知识"与"服务"有机融合的全新服务理念，能为用户提供更高水准的个性化服务和知识信息。伴随着大数据环境的变化，知识服务模式不仅是"信息技术"与"用户需求"双驱动产物，还是知识服务调整和优化的最终呈现形式。

主动知识服务需要特定情境支持，知识服务过程不是让用户被动地等待资源推送，而是直接为用户供给所需的知识资源，并为其提供可持续的主动服务。将情境感知技术与主动知识服务进行融合，设计基于语义的主动规则执行模式，构建情境感知视角下主动知识服务模型，更好地为不同用户提供个性化的知识服务。

6.1.1 主动知识服务研究现状

近年来，网络技术的不断发展使得用户个性需求呈现多样化趋势，而互联网时代海量知识信息容易导致用户信息过载和知识迷航。因此，针对用户如何及时获取个性化知识的研究迫在眉睫，各领域都非常重视对知识服务应用研究。葛嘉佳（2004）认为知识服务就是将满足用户需求的知识内容推送给用户；冯勇等（2006）提出知识服务是在了解用户实际需求之后开展知识搜集活动，并选择合适的方式将知识推荐给有需求的用户；陈英杰等（Chen Y. J. et al.，2012）指出知识服务是相关专业知识或者领域知识的基础服务；聂应高（2018）整理了图书情报研究领域较为认同的知识服务观点，认为知识服务是以用户需求为核心，依托全媒体和移动终端为用户提供信息及服务。

知识服务领域研究的绝大部分问题仅仅考虑被推荐信息对象的特征，很难满足移动互联网下主动性、灵活性、个性化以及智能化知识服务需求。杨涛（2002）探讨了主动知识服务系统中的四项关键技术，在分析知识表示与用户行为建模基础上，建立了广义用户主动知识服务设计模型。周明建等（2011）通过分析用户浏览记录信息，计算知识属性和用户偏好信息的相似度，从而判断知识是否满足用户需求，来决定是否将该知识主动推送给用户。王欣等（2017）从知识需求独特性和需求状态多变性视角来识别用户兴趣隐式和显式特征，构建用户兴趣识别模型，研究知识需求与推荐内容之间的匹配度。余天豪（2012）将社会网络和语义标注等技术用于知识服务领域情境信息处理过程中，改善知识内容推荐效果，为主动知识服务设计提供新思路。胡媛等（2017）研究了基于知识聚合的知识服务集成推送策略，分析了集成推送策略组成要素，设计了知识服务集成推送架构与模型。

　　目前，知识服务相关研究很少考虑用户当前的情境特征，使得知识服务内容不够精准，匹配度较低。从情境感知视角来分析，主动知识服务系统集成了基于传统知识服务功能的情境状态，使系统可以基于用户的实时状态信息做出更准确的知识主动推送，从情境感知视角开展知识服务研究已成为国内外学者关注的焦点。基于情境的知识需求建模技术已成为主动知识服务的关键技术，传统的被动式服务不能很好应对移动环境中的情境事件变化状态。情境感知视角下知识服务则是在主动知识推荐服务的过程中融入了情境因素，托马斯·霍弗等（Hofer T. et al.，2003）设计了情境感知框架结构，从情境获取、管理以及应用等方面构建移动设备知识推荐模型。顾君忠等（2009）分析了情境建模方法与情境感知系统框架。刘晓伶（2013）针对情境感知机理问题，将 ECA 规则应用于情境感知系统中。李宝威等（Lee W. P. et al.，2014）将 ECA 规则与归纳算法相结合，研究移动设备支持下的用户行为模式，设计并开发能预测和推荐用户所需服务的系统。德佩塞米尔等（De Pessemier T. et al.，2014）设计了能识别用户当前情境状态和活动的框架，并依据用户情境状态建立面向旅游领域的知识服务推荐系统。在移动图书馆知识服务领域，周玲元（2015）融合情境信息，设计情境本体模型，提供跨平台逻辑推理与知识共享服务。叶莎莎（2015）将情境感知与移动图书馆服务相结合，为用户提供更友好的交互操作和知识服务功能。胡术杰（2017）结合当前环境特征，将主动规则应用于智慧健康知识服务系统中，基于语义的主动规则可解决医疗服务主动性问题，具有准确性和及时性等特征。时念云等（2017）在分析情境定义与情境感知个性化推荐模型基础上，从情境信息降维视角构建规则推荐模型。谢斌（2018）认为情境状态识别是知识服务应用的关键，以用户为中心，优化了情境感知视角下知识资源推荐模型。总之，将情境感知技术融入知识资源推荐领域能有效解决用户个性化知识需求（侯力铁，2019）。

知识服务应用领域中不同情境用户对知识需求不同，而传统知识推荐模型无法准确获知用户个性化特征。因此，以用户为中心，采取主动知识服务，将用户情境与用户需求相结合，能为个性化知识服务研究提供新视角。

6.1.2 ECA 规则在主动知识服务中的应用

普适计算环境复杂性特征使得知识服务推荐系统更宜采用主动机制服务。主动机制服务是指能够自动感受外界和内部状态变化从而提供相应的需求服务，主动服务机制的核心是 ECA 规则，即事件（event）—条件（condition）—活动（action）规则（Hanson et al.，1992）。ECA 规则由事件、条件和活动三部分组成，既为主动规则，也是事件产生的条件规则，用规则进行逻辑判断，当判断结果为真时，则开展相应活动的行为来完成事件操作。ECA 规则是一种将面向对象特征和事件触发规则方法相结合的主动规则，ECA 规则模型是通过事件驱动机制实现对业务流程管控的范式，ECA 规则最初被应用于数据库领域（姜跃平等，1997）。主动知识服务研究领域中，当事件发生时，需主动判断用户行为并去执行相应操作。知识服务领域主动机制可以利用 ECA 规则来完成，发挥移动计算环境情境感知技术优势，在知识推送领域实现主动知识服务，更好地满足用户需求（沈艺，1999）。刘家红等（2008）设计了基于事件驱动的服务计算平台，通过事件驱动方式使得服务计算平台能够主动感知环境信息变化，从而为用户提供主动的服务。王志学（Wang，2010）设计了主动访问控制模型，在获得主动访问授权基础上，利用主动规则及时检测事件发生和条件判断，实现普适计算环境下资源主动自适应控制服务。虽然 ECA 规则能够较清晰地描述具体操作行为，许多领域中也有 ECA 规则应用研究，但 ECA 规则主动服务机制研究还有待于深入研究。

目前，国内外学者已经研究了 ECA 规则的各种服务类型，结合情境感知系统实现智慧家居、智慧医疗等多项智能服务。随着人工智能理论研究的深入和应用拓展，ECA 规则强大的语义表达能力使得其服务主动性、灵活性和知识表达等优点更加凸显。ECA规则主动性在于ECA规则支持服务系统可以根据不同情境变化主动做出变化，能够体现ECA服务系统的智能性，高冢弘树等（Takatsuka H. et al.，2014）基于此原理设计了智能家居领域中的智能控温系统。ECA规则灵活性使得ECA服务支持系统很容易通过增删方式来动态调整规则内容，在智能医疗领域、服务领域以及计算机领域等均有相关应用和改进，如实现主动数据库的即时推理算法设计（李想等，2010），智慧健康系统中大量用户访问控制问题求解（Wang P. et al.，2015），情境感知环境下预测用户行为并进行服务推荐（Lee W. P. et al.，2014）等。ECA规则也是目前专家系统设计首选的知识表示方法。郭海英（1999）等人用事件—条件—动作规则表示模糊知识的方法；梅等（May et al.，2005）将本体技术融入事件—条件—动作模式框架中，以便集成规则定义的异构语义Web服务，实现知识有效表达；沃尔夫冈·比尔（Wolfgang Beer，2003）较好地阐述了ECA规则与情境感知系统的融合过程；卢涛等（2013）使用ECA规则描述普适服务逻辑，设计了用于冲突解决的ECA规则集；窦文阳（2013）等人提出了基于模糊ECA规则的主动访问控制方法，对主动规则控制理论和主动访问控制系统行为特性进行深入研究。

随着知识服务领域智能化服务需求不断增长，主动知识服务领域ECA规则应用研究已成为目前ECA规则应用的重要研究方向，也有不少学者投入这一新兴研究领域。普适计算支持下多服务环境的形成使得需求主动性和情境驱动性特征而引发的冲突问题日渐突出，ECA规则为核心的主动知识服务能更好地适应移动互联网知识服务移动性、情境性、灵活性的应用场景，移动设备支持下主动知识服务的目的就是要有效地支持移动环境中各种服务应用，能够为用户主动提供任意地点、任何时刻访问任意资源的服务。ECA规则可以更好调整用户策略级别和用户权限，使得资源供给能适应情境信息的动态变化，以期构建灵活的移动互联网主动知识服务系统。

通过对相关文献研究分析，移动互联网环境下ECA主动服务规则应用已成为知识服务领域主要研究方向，学者们结合情境感知技术，发挥ECA规则应用高效性特征，设计面向情境感知的主动式信息推荐策略，提高主动知识服务工作效率，以满足不同情境下用户对个性化知识的需求。

6.2 ECA 规 则 理 论 基 础

ECA 规则由三部分组成：事件、条件和动作。ECA 规则中的每一个事件都与条件存在着对应判断关系；ECA 规则执行模式是当事件变化时，进行条件判断，当条件为真，则执行相应的活动行为。大多数主动服务机制都支持具有事件、条件、动作三部分要素组成的 ECA 规则。但是也存在着规则中事件或条件判断要素不完整的情况，ECA 规则中三要素可以不同时存在，但 ECA 规则中事件或条件要素至少存在一个。因此，ECA 规则在特殊条件下可演变为 CA 规则和 EA 规则。

（1）CA 规则：仅有条件和动作要素组成 CA（condition-action）规则，也称为产生式规则（Hanson et al.，1999）。该规则只要满足条件后就执行相应操作行为。

（2）EA 规则：仅有事件和动作要素组成 EA（event-action）规则，相当于条件部分永远为真的 ECA 规则。

上述分析可以发现，ECA 规则中的任意一个事件都与某个或某些条件存在着对应关系；同时，任意一个事件与其对应条件的组合，也与某一个或某些动作存在着对应关系，从而形成 ECA 规则的判断和执行过程。当事件发生时，查找与该事件对应的条件，并判断该条件是否满足，一旦条件满足就查找相对应的动作并执行。ECA 规则事件、条件以及动作要素关联关系如图 6 - 1 所示。

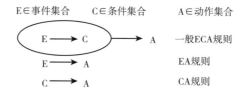

图 6 - 1 ECA 规则事件、条件和动作要素关联关系

图 6 - 1 中 EA 规则和 CA 规则具体理解如下：如果事件 E 与某动作 A 存在对应关系，并且事件与动作要素之间关联关系为 EA 规则，则当该事件

发生时，我们不用判断任何条件，直接查找与之对应的动作 A 并执行该动作。如果条件 C 与某动作 A 存在对应关系，事件 E 与条件 C 组合与动作 A 不一定存在对应关系，但条件与动作要素之间的关联关系是 CA 规则，则该规则下任意事件发生时，当条件 C 判断为真，就执行 A 操作。

6.2.1　ECA 规则框架结构

本章根据 ECA 规则工作机理构建了 ECA 规则框架结构，具体如图 6 - 2 所示。该框架主要由事件解析模块、ECA 规则库、ECA 规则执行模块、复杂事件管理模块组成。事件解析模块负责事件接收、解析与传递等操作，当外部事件产生时由该模块完成事件信息收集与事件类型判断，生成 ECA 规则服务系统事件对象源；ECA 规则库负责 ECA 规则创建、规范性检查以及管理等操作，是整个 ECA 规则框架核心基础，并为事件执行模块提供检索规则服务接口与规则执行结果返回接口；ECA 规则执行模块在事件解析模块后完成事件识别与条件判断操作后进入抽象活动流程实例化服务，并由复杂事件执行引擎执行实例化服务行动内容。复杂事件管理模块根据发生事件的具体特征，同时负责原子事件以及复合事件的处理与表达，并更新存储规则库，为后续规则匹配高效检索与行动内容执行提供事件识别服务。下面将对 ECA 规则相关内容进行详细阐述。

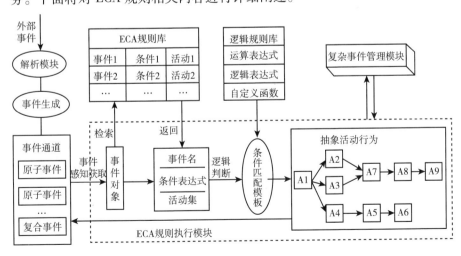

图 6 - 2　ECA 规则框架结构

6.2.2 ECA 规则定义描述

ECA 规则定义了触发规则，当规则被触发后，对条件进行判断，如果条件满足，则执行相应的动作。目前，ECA 规则已成功应用于资源推荐、知识管理、智能家居管理等服务领域（Khanli L. M. et al., 2008；Roy A. et al., 2007；Perumal T. et al., 2013）。在分析 ECA 规则机理基础上，为了更好地实现应用系统中存储 ECA 规则，当事件发生时，如果满足判断条件，则执行相应操作行为。一条完整的 ECA 规则语法结构定义如公式（6-1）所示：

$$Rules = WHEN\ Event[IF\ Condition]''Then''Action \qquad (6-1)$$

ECA 模式应用过程中，当事件 $E\{e_1,\cdots,e_n\}$ 部分产生时，与这个事件相关的行为 $A\{a_1,\cdots,a_n\}$ 会一一被触发，可以用表达式（6-2）表示：

$$if\ E[e_1,\cdots,e_n] \Rightarrow A[a_1,\cdots,a_n] \qquad (6-2)$$

ECA 模式中，事件部分发生，当条件判断为真时，则执行动作中的相关操作；如果条件判断结果为假，操作维持不变，继续判断下一个相同事件的规则条件是否满足。ECA 规则详细执行流程如图 6-3 所示，当事件发生，首先进行事件类型检测，同时对事件进行记录分析，计算分析相似事件，然后按照规则进行条件判断，实时更新和记录整个过程，最后主动执行服务活动。

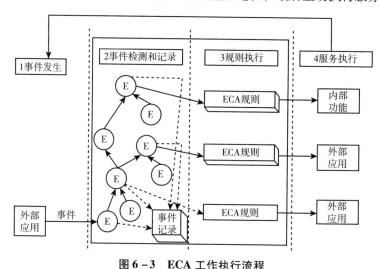

图 6-3 ECA 工作执行流程

6.2.3　ECA 规则模板定义

1. ECA 规则事件表达

事件是 ECA 规则的核心，ECA 规则中事件变化可理解为情境变化，事件能够触发一个规则。不同应用场景下事件存在复杂性，为了更好理解事件变化以及标准化描述，将事件分为两种主要类型：原子事件和复合事件。

定义事件 $E = \{e_1, e_2, e_3, \cdots, e_n\}$，其中 $e_1, e_2, e_3, \cdots, e_n$ 为原子事件，则复合事件 e 有三种表现形式：

（1）同时发生复合事件：$e = e_1$ 与 $e = e_1 \wedge e_2 \wedge \cdots \wedge e_n$。

（2）合并发生复合事件：$e = e_1 \cup e_2 \cup e_3 \cdots \cup e_n$。

（3）相继发生复合事情：$e = e_1; e_2; e_3; \cdots; e_n$。

在判断复合事件发生的具体过程中，首先要检测每个复合事件中原子事件的状态和逻辑联系，形式（1）中的复合事件有两种状况：一种表示同一时间同时发生；另一种情况则表示所有事件不同时发生，只有当最后一个事件也发生了，复合事件才成立。在同时发生复合事件的原子事件中，最后发生的原子事件用作 ECA 规则的触发事件，其他的原子事件作为条件部分。同样，形式（2）中复合事件也有两种情况：单个原子事件产生的复合事件和多个原子事件产生时建立复合事件。前者可以参考形式（1）中的方法建立 ECA 规则模型，后者发生的复合事件中每个原子事件都可以用作 ECA 规则的触发事件。形式（3）表示相继发生复合事件，最后一个连续原子事件用于 ECA 规则的触发事件，其他原子事件可以作为条件部分。

2. ECA 规则条件表达

条件是 ECA 规则触发的必要因素，情境感知环境下条件可以认为是对于当前情境或者已经发生过的情境判断，条件判断结果只有两种结果——满足或者不满足，只要满足相应的条件判断，活动才会执行。例如在智能家居中，如果室温大于28℃，空调会自动打开并控制温度为24℃。使用的条件表达式为：Temperature ≥ 28℃。常用条件判断形式有四种表达方式，具体逻辑运算表达式如式（6-3）所示：

$$Relation\ Operator::=\text{"}=\text{"}|\text{"}>\text{"}|\text{"}<\text{"}|\text{"}\neq\text{"} \qquad (6-3)$$

简单服务情境中条件是以"真"或者"假"形式出现的布尔值，但在有些服务情境下，需要事先确定条件是否为真。服务情境条件也有可能是逻辑布尔值，或者是其他复杂的语义表达式，事件和条件最大的区别就是事件可以去触发规则，条件则是对行为操作能否执行进行判断，在情境感知系统应用中，情境的取值可以作为条件判断标准。

3. ECA 规则动作模板

ECA 规则的事件被触发，进行相应条件判断，当条件满足时执行相应的操作行为。本章研究的 ECA 规则动作对应服务的一个行为，知识服务领域动作是针对系统应用而言，换句话说，系统提供的服务行为即为 ECA 规则中的动作部分，行为的产生是系统服务的结果，采取方法调用的方式来定义动作模板，其模板规范定义如公式（6-4）所示：

$$Method\ Calls::=<Method\ Names>([Parameter]) \qquad (6-4)$$

通过对具体应用领域动作行为内容的分析，将相关行为参数值代入式（6-4）所示模板，即可执行相应的操作，该规则模板具有很好的扩展性和可复用性。

6.2.4　ECA 规则模型分析

ECA 规则使用三元组 $R\{E,C,A\}$ 进行描述，E 为规则触发的事件，C 为判断规则是否为真的判断条件，A 为规则条件判断为真后的操作行为。ECA 规则事件触发机制如图 6-4 所示。

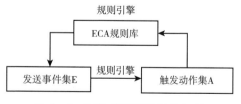

图 6-4　ECA 规则事件触发机制

ECA 规则库包含所有事件触发的规则集 R，此外，事件集 E 定义为触发规则的所有事件集，也是规则集 R 的所有操作集，触发的动作行为由规则引擎产生，规则引擎内容的输入是发生事件 E，输出则是触发动作集 A，规则引擎记录和产生相关事件内容，同时从 ECA 规则库中读取相关的规则，判断规则的条件部分是否为真，并触发相对应的动作集合 A。

ECA 规则普适性定义如公式（6-5）所示：

WHEN events IF condition THEN actions.

$< ECA\ rule >::= WHEN < event\_list > IF < condition\_list >$
$THEN < action >$

$$(6-5)$$

ECA 规则定义为：当事件列表中事件发生时，进行条件匹配，触发动作集。它定义了事件类型（原子事件和复合事件类型）、条件列表以及动作集合，形成一个普适性的 ECA 规则描述。在条件表达式中，and 表示同时发生运算，or 表示合并发生运算，event_list、condition_list 和 action_list 分别为事件列表、条件列表和动作集合。将 < Event >、< Condition > 和 < Action > 通过关系连接符 and 或 or 关联起来，实现 ECA 规则规范化定义。

ECA 规则主动性、灵活性以及情境自适应性等特点，使得情境状态变化能及时触发 ECA 规则，进而干扰到其他服务，容易产生服务冗余，并会导致其他所需的服务不可用。简单地说，ECA 规则是在事件集中的事件发生时，系统实时或在指定时间中判断规则条件，并在条件为真的时候执行操作行为。但规则行为也存在较为复杂的场景，一是表现为 ECA 规则终止性问题，即规则之间的关系可能会陷入无限的规则触发；二是表现在规则行为的一致性判断问题，如多条规则被同时触发，不同的处理顺序可能导致不同的终止状态，上述分析问题称之为规则行为的特定问题，因为规则条件和动作执行结果依赖于处理过程中的数据库状态，因此很难根据规则定义准确判断一组规则的处理是否合适。ECA 规则终止性分析与一致性分析是 ECA 规则分析的主要内容。

1. ECA 规则终止性分析

随着服务对象或者应用领域情境变化，ECA 规则系统（ERS）将触发一系列规则，从而启动规则处理过程；而规则动作和后续事件的产生，可能触发其他的规则，所有被触发的实例会被 ERS 依次处理。如果某个时间范围内没有等待处理的触发规则，则该规则执行过程已经终止（terminate）。换句话说，ECA 规则之间可能会发生级联触发关系，为确保规则执行语义完整性，必须要求此级联触发规则是能够终止的。可终止性是知识服务领域的 ECA 规则集的一个重要行为特征。

定义 1：系统已有稳定状态，触发规则执行后能演变为新的稳定状态，基于 ECA 规则的系统将满足终止属性。

目前 ECA 规则集可终止性研究成果主要聚焦于规则执行终止性判定方法，已有研究工作也将图理论和 Petri 网用于判定 ECA 规则终止状态，包含基于触发依赖图的终止性分析方法、基于 Petri 网的终止性分析方法等（姜跃平等，1997；张立臣，2013）。

基于图理论的可终止性分析方法是采用最多的方法，最开始采用基于触发图（triggering graph，TG）的方法来分析 ECA 规则集可终止性问题。在触发图中节点表示规则，有向边表示规则之间的触发关系，如果触发图中不存在环路（回路），那么规则集保证可终止性。

基于触发图的分析方法仅考虑规则之间的触发关系，即操作生成可能触发另一条规则的事件，而忽略 ECA 规则元素（例如复合事件、复合条件以及操作更改等）的影响，这造成了该算法的准确性相对较差。阿兰·考乔特（Couchot A.，2003）采用触发图分析了带优先级的 ECA 规则集可终止性问题，通过规则优先关系对触发图进行化简，并用化简后的触发图解释规则集的可终止性。这种情况没有判断 ECA 规则间的活化关系，也没有研究复合事件和复合条件，这导致该方法应用具有一定的局限性。

假设单个规则动作可终止，那么判断规则集 R 可终止性问题必须要所有状态都经过有限操作步骤后，才可以判断是否可以终止规则执行。所以，规则集 R 执行路径是确定的，可以推断规则集 R 中规则是能够终止的。参考相关文献研究内容（Aiken A et al.，1995），定义规则集的触发依赖图 Gr：对于任意 $r \in R$，在 Gr 中都有与之匹配对应的定点 Vr；存在任意规则 $r_1 \in R$ 和 $r_2 \in R$，当 r_1 发生动作行为，将会导致 r_2 对应事件的产生，即会导致 r_2 触发。在 Gr 中，必须存在从 Vr_1 到 Vr_2 的弧；并且在此之外，在触发依赖图 Gr 中没有别的顶点和弧。根据触发依赖图 Gr 定义，有以下性质：

首先 Gr 是有向图，不一定连通，也可以存在自环；如果规则 r 的操作不能更改服务状态，可以得出 Gr 没有从 Vr 出发的弧；当规则 r 的事件中不含有服务状态改变的原子事件，也可以得出 Gr 中没有到 Vr 的弧。而在 ECA 规则系统（ERS）中，规则的触发依赖于 r1 的动作和 r2 的事件。

　　Petri 网是一种新颖而有效的语义描述方法，具有良好的形式化描述基础，可以便捷地描述系统变化，有利于分析系统的动态行为特性，Petri 网表示为有向图，不同节点（位置和过渡）之间通过箭头连接，能够支持 ECA 规则描述，主要研究 ECA 规则集可终止性的分析。麦地那 – 马林等（Medina-Marín J. et al.，2009）在分析 ECA 规则集可终止性研究问题上也采用了 Petri 网，提出了基于扩展 Petri 网的 ECA 规则集表示及终止性分析方法。金（Jin X.，2013）提出了用于分析一组 ECA 规则动态行为的方法。麦地那 – 马林等（Medina-Marín J. et al.，2009）利用 Petri 网仿真模拟方式来判定 ECA 规则集的可终止性特征。图 6 – 5 是将最大速度恒定的连续 Petri 网（CCPN）用于 ECA 规则终止性分析研究中，核心是将 ECA 规则转换为 CCPN，通过关联矩阵分析来开展 ECA 规则终止性研究。

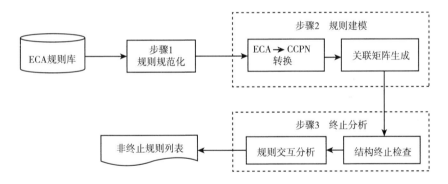

图 6 – 5　基于 CCPN 的 ECA 规则终止性分析流程

　　使用 Petri 网为 ECA 规则建模，在 CCPN 中 ECA 规则事件 e 存储在位置 p1，条件部分 c 存储在转换 t 中，并且因为动作规则 a 与事件相似，所以它被存储在另一个地方 p2。因此，如果 t 是存储规则 r 的转换条件，则定义为 ·t = {p1} 和 t· = {p2}，其中，·t 是 t 的输入位置集，t· 是 t 的输入位置集 t 的输出位置。在 CCPN 中很容易用图形来表示两个或多个之间的关系和依赖关系规则，实现 ECA 规则在同一模型中查看，而且规则之间存在的关系也被视为 ECA 规则元素（事件、条件、行动）。ECA 规则事件和 CCPN 关系如图 6 – 6 所示。

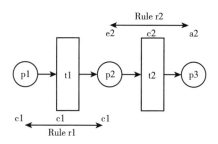

图 6 – 6　ECA 规则事件和 CCPN 关系

2. ECA 规则的一致性分析

ECA 规则本质是由事件、条件和动作三部分组成的事件触发机制，ECA 规则执行具有主动性，其动作执行可能产生新的事件或改变已有条件，从而导致主动访问控制规则集冗余性问题的分析更加复杂。

为了避免规则在实际应用过程中产生冗余，确保规则执行的准确性，需要确保设计的 ECA 规则的一致性以获得完整的 ECA 规则。一致性就是在时间不断变化或者规则持续被触发场景下，服务行为也不会产生冲突。实际应用场景中情境也会出现其他情况，而且相同情境状态下也可能出现功能相同的情境片段，因此这些兼容问题在设计 ECA 规则之前也要考虑进去。ECA 规则集的一致性分析主要包括检测规则集中是否存在从属规则、矛盾规则以及循环规则链。ECA 规则处理是否能保证终止及是否能保证终止在一个唯一状态。

定义 2：给定规则库 R，从各种状态开始处理规则序列，无论 ERS 处理触发实例的合理顺序如何，该序列始终可以在相同状态下终止，则称 R 具备行为一致性。

定义 3：任意规则 r_1 和 r_2，如果 $r_1 = r_2$ 或满足如下条件，称 r_1 和 r_2 是能够交换的：

（1）$TR(r_i) \cap SR(r_j) = \varnothing \wedge TC(r_i) \cap SC(r_j) = \varnothing$，并且

（2）$TR + (r_i) \cap TR - (r_j) = \varnothing \wedge TC(r_i) \cap TC(r_j) = \varnothing$，并且

（3）条件（1）和（2）对 $i=1, j=2$ 和 $i=2, j=1$ 都成立。

定义4：当规则库 R 是可终止的，并且任意 $r_1 \in R$ 和 $r_2 \in R$，r_1 和 r_2 也是能交换的，则 R 具备行为一致性。

开源工具 vIRONy 可以用来验证 ECA 规则终止性、一致性和冗余性特征，用户选择 vIRONy 工具执行器值的初始配置，然后提交给 vIRONy 工具来执行终止验证。ECA 规则的一致性、冗余性以及终止性验证采用 IRON 语法编写，具体验证过程可查阅相关文献（Cacciagrano D. R. et al.，2018）。

6.3　知识服务领域的 ECA 模型

主动知识服务 ECA 实质是在提供服务过程中，触发相应事件，系统主动执行用户定义的操作和相应处理。事件的发生触发了相应操作和处理过程，本质上是事件驱动机制。主动机制系统无须用户的干涉，主动根据变化的环境做出反应。实现 ECA 规则的主动行为，完成主动知识触发服务，需要提供相应的 ECA 规则知识模型和 ECA 规则执行模型。知识模型是对 ECA 机制的详细描述，用来构造和表示主动机制模型的服务内容，执行模型描述了规则执行时的具体过程。

6.3.1　ECA 规则的知识模型

ECA 规则即为主动规则，广泛应用在知识表示和推理领域。ECA 规则的知识模型是指 ECA 规则的形式化描述。ECA 规则中事件、条件和动作三要素内容构成了知识模型的基础部分。ECA 规则中的事件是指在系统运行过程中某一特定时刻有意义活动的发生。一个事件要么发生，要么不发生，没有第三种状态。ECA 规则中的条件是用来判定规则的动作是否可执行，按照条件是否可以再分，ECA 规则的条件分为原子条件和复合条件。原子条件是不可再分的条件，而复合条件是通过系统定义的逻辑操作符对原子条件进行复合运算而成。ECA 规则中的动作是指当规则被触发且条件成立时，动作将被执行。动作语境是指执行动作时所访问的状态范围，ECA 规则中动作可以是查询、修改和删除等简单系统状态数据操作，也可以是主动访问控制规则模式动态调整。ECA 规则三要素组合描述如表 6-1 所示。

表 6 - 1	ECA 规则三要素组合描述
事件	同时发生复合事件 $e = e_1$ 与 $e = e_1 \land e_2 \land \cdots \land e_n$； 合并发生复合事件 $e = e_1 \cup e_2 \cup e_3 \cdots \cup e_n$； 相继发生复合事情 $e = e_1 ; e_2 ; e_3 ; \cdots ; e_n$；
条件	$Relation\ Operator ::= $ " $=$ " $\mid$ " $>$ " $\mid$ " $<$ " $\mid$ " $\neq$ "
动作	$Method\ Calls ::= < Method\ Names > ([Parameter])$

ECA 规则融合了面向对象和事件驱动的事件触发规则方法，近年来 ECA 规则已广泛用于情境感知服务应用系统中。ECA 规则形式化描述如表达式组（6 - 6）所示：

$$Rule : Rname$$
$$Event\ Ename$$
$$Condition\ C_1 \cdots C_n$$
$$Action\ A_1 \cdots A_n \qquad (6 - 6)$$

事件发生过程将自动触发查询机制，以检查是否满足相应条件，如果满足条件，则将执行相应操作。ECA 规则可以使程序根据事件发生时的情况主动确定系统状态，然后自适应地完成相应的处理和操作；此外，ECA 规则将在规则库中统一存储和管理，以增强规则库模块可复用和可维护性能。

6.3.2 ECA 规则的执行模型

执行模型是指 ECA 规则的执行模式，具体是指规则活动执行中每个组件的运行模式和语义内容的表达。ECA 规则的执行模式即为事件驱动机制，ECA 规则可以描述具有主动性的知识服务。当发生预定义的相关事件时，相应的 ECA 规则将被自动触发，并评估触发规则的条件是否满足。如果条件为真，则将激活规则并执行规则中的操作行为。ECA 规则与 CA 规则（condition action rules）和产生式规则（production rules）（Grosan C. et al.，2011）的最主要区别在于，ECA 中的事件部分可以是相对独立的元素。图 6 - 7 为 ECA 规则的执行模型。

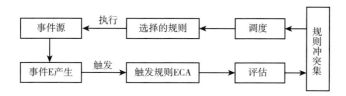

图 6 – 7 ECA 规则的执行模型

为了更好地描述执行模型中各种状态的变化,将执行过程分为五个阶段:

阶段一:事件生成触发机制,产生原子事件。

阶段二:规则触发阶段,通过情境感知获取发生一个或者多个事件对象,构成了一个 ECA 规则的触发事件,触发了相关的规则。

阶段三:评价判断阶段,评估已触发规则的条件,如果规则条件完全满足,则激活该规则。所有被激活的规则构成了一个规则冲突集。

阶段四:规则调度阶段,规则调度采用某种调度策略从规则冲突集中选择一条规则。

阶段五:执行阶段,执行所选中规则的动作部分。规则动作的执行可能产生新的原子事件或改变已有条件。

ECA 规则执行过程中容易产生外部事件,加载解析模块完成事件信息分析,然后判断事件源类型,根据事件 E 产生相关信息构成事件对象,触发规则库,判断 ECA 规则中的表达是否为"真"。若为"真",则执行活动行为;若为"假",则退出。执行模型功能只是定义了抽象的执行流程,活动真正执行时需要判断规则具体行为,调用规则冲突判断,才能实现实体服务。

6.4 面向情境感知的主动知识服务模型构建

情境感知服务的目的是通过对用户的当前位置状态、时间、设备以及用户行为等多个情境维度状态进行感知和分析,为用户提供与当前状态最匹配的知识服务。主动知识服务过程中,用户事件会随着情境变化而动态调整,模型设计目标是在移动设备感知到服务情境状态变化后,经过情境分析和主动规则触发,满足用户服务期望。移动设备支持下主动知识服务就是根据用户的情境状态来预测用户知识需求,根据语义推理结果为用户主动推荐最适合的内容，增强用户个性化知识服务体验。知识推荐虽然是知识服务内容中最常用的操作，但主动知识服务与信息推荐最大差异在于用户情境信息处理，主动知识服务过程中重点是对用户各种情境状态进行科学分析并加以充分利用。主动知识服务涉及情境交互识别获取、情境本体模型构建、知识推理以及个性化知识推送服务等。

6.4.1　面向情境感知的知识服务要素分析

情境感知视角下知识服务内容涉及服务主体类型、移动终端、知识服务以及情境信息等，发挥移动终端信息获取的便捷性和迅速性特点，通过情境信息分析和数据处理，感知用户的真实需求和情境状态，同时借助社会网络丰富知识服务内容，加强情境信息与服务之间的匹配与感知关系，提升面向情境感知的知识服务效率。移动设备支持下情境感知知识服务体系的组成如图6-8所示。

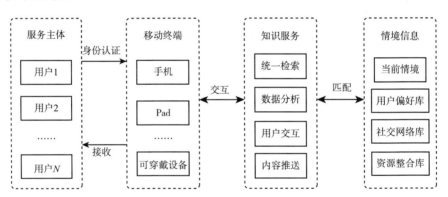

图6-8　移动设备下情境感知知识服务内容

服务主体、移动终端、知识服务以及情境信息是移动设备支持下情境感知知识服务最重要的四个组成要素。

（1）服务主体，是指访问普适计算环境中服务和资源的主动实体，普适计算环境中的主体主要是指用户。

（2）移动终端，是指用户的智能手机、iPad以及可穿戴设备等。移动设备具有感知周围环境信息的强大功能，包括GPS定位、加速度计等。通过分析用户注册登录信息，结合系统对用户物理环境的感知信息，移动终端为用户提供情境信息获取服务。

（3）知识服务，是指系统与环境实体交互过程中，为用户提供与情境相匹配的服务，记录当前用户使用情况，并根据一定的学习和更新机制来优化知识服务机理，为用户提供统一检索、数据分析、用户交互以及个性化推送等服务功能，以达到满足服务主体的个性化需求。

（4）情境信息，是指各个维度的情境状态信息，包括用户偏好信息、社会关系情境以及资源情境信息等。其中物理情境信息是可以通过传感设备直接收集的状况，例如可以直接获得的温度、当前天气等；用户偏好信息通过登录注册信息设备所填写的信息内容与历史情境信息推理获得。当情境状态发生更改时，将触发相应的操作来产生知识服务行为，从而再次导致情境状态更改。知识服务过程中以知识本体设计为核心开展知识服务系统知识库组织和管理，服务主体依赖移动设备完成不同情境下知识交互活动，结合用户情境特征，通过推荐引擎实现主动知识服务，满足用户个性化服务需求。

6.4.2 面向情境感知的主动知识服务模型

面向情境感知的主动知识服务模型包括用户情境信息获取、情境决策、个性化知识语义匹配以及知识库主动管理推荐服务等功能模块，具体如图 6-9 所示。

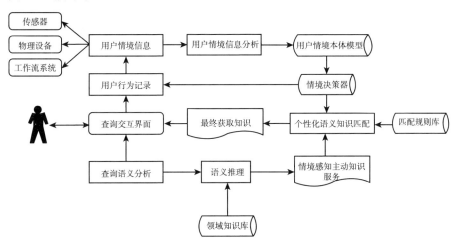

图 6-9　面向情境感知的主动知识服务模型

（1）用户情境模块，负责识别并获取用户情境信息，从各类传感器、工作流系统以及移动设备采集初始情境信息，同时记录用户个人信息，并对信息进行初步加工处理，选择合适方式存储情境信息，构建用户情境本体模型，同时对原始情境进行筛选与推理，为主动知识服务提供情境因素分析。

（2）情境决策器模块，监测情境事件发生，结合情境特征信息，构建主动实时推理机制；情境决策器中情境事件采用 ECA 规则描述方式，根据用户情境事件发生与否做出相关判断，服务逻辑决定服务行为执行与否，同时进行主动推理，方便应用系统主动执行操作行为。

（3）个性化语义匹配模块，通过情境相似匹配算法计算当前情境与其他特定情境下用户偏好之间的匹配相似度，采用余弦相似度计算用户的情境知识并将其推荐给用户，提升知识推荐服务的准确率。通过扩展本体概念，以计算当前情况与其他特定情境之间的匹配相似度，为个性化知识服务实施提供依据。

（4）知识库主动管理推荐服务模块，负责知识库管理与维护，利用用户情境模块功能，当用户情境相似时主动向用户推荐服务内容，同时根据用户反馈及时更新情境模型，进一步挖掘用户需求信息，提供个性化特色更鲜明的知识服务，从而提升主动知识服务效率。

面向情境感知的主动知识服务模型简单明了地呈现服务过程中各对象之间的关系，利用情境感知方式判断用户当前状态，在恰当的时间将所需要的知识以恰当方式推荐给用户，实现任何时间、任何地点、任何设备下提供情境感知视角下的知识服务。

6.4.3 面向情境感知的主动知识服务规则

规则在日常生活中到处存在，是对行为规范的具体描述，例如，交通信号灯使用规则为红灯汽车停绿灯汽车行。情境感知视角下情境决策器中事件产生后主动进行条件判断，ECA 规则可以根据事件状态主动确定系统状态，然后自适应开展后续处理操作，ECA 规则系列操作也促进了规则库内容丰富和完善。主动知识服务中的主动推理策略借用了主动数据库中的事件触发主动监视服务思想，将一系列规则预先嵌入服务系统来设计和提供面向情境感知的主动知识服务机制（Edvardsson J.，2002）。

通过感知用户的情境自适应发现用户的服务需求，情境感知服务主要内容就是要根据用户当前情境状态来推荐最佳信息服务，并提升服务推荐内容的准确性和时效性。通过对情境感知服务过程的特征分析，面向情境感知的主动知识服务规则实施过程可以分为感知情境、规则处理和执行服务三个阶段。

（1）感知情境阶段。此阶段利用传感设备收集各种原始数据和相关环境实体信息来完成情境获取，并且可以将获取到的情境信息转化为规范化格式。情境感知有两种形式：一种是根据其他情境信息变化并满足特定条件以主动方式获取，另一种经过相关特定服务请求以被动方式获取相关情境信息。

（2）规则处理阶段。此阶段不直接与环境实体进行交互，而是分析并推断提取的各种情境信息，匹配 ECA 规则库中相应规则以发布一系列指令，按照一定的服务逻辑来提供最终执行的服务行为。

（3）执行服务阶段。此阶段可以根据当前情境信息，执行适合于环境实体的操作行为。不仅可以直接主动更改环境实体的状态，如打开和关闭电视服务等；而且通过与实体的交互分析进行预测和更改状态，如通过GPS 定位获取用户位置情境，通过用户位置移动判断用户行走路线，推理出用户即将到达哪里，在此过程中主动提醒用户路线是否合适或为用户提供语音导航服务等。

6.4.4　主动知识服务中用户情境本体构建

1. 构建主动知识服务领域情境本体

（1）从国内外近年来有关知识服务、情境本体等方面研究现状分析切入，相关学者已开展移动互联网环境下融合用户情境与本体的知识服务研究（蒋祥杰，2014；周玲元，2018）。情境要素包含用户、物理位置、设备状况以及活动情境等多个维度内容。上述情境要素对于描述具体情境信息起着至关重要的作用，能较好地描述用户在特定场景下通过特定行为来获得特定服务的问题。有学者定义了互联网环境下的情境是基于特定时空领域范围，以"用户"为中心、以传感设备为载体的事件触发行为序列（武法提等，2018）。情境中的人物、时间、空间、事件和背景等因素构成统一场景，强调行为事件的整体性和内在联系。通过分析用户场景就能够得到用户目前的所有情境信息，如地址、时间、同行等，通过位置情境可以确定用户附近周围的情况以及该地点发生的事件和活动等。情境本体构建即创建用户情境本体，用来刻画用户特征信息的集合，例如物理环境信息（季节、地点等）、用户个人信息（性别、年龄和同行等）、用户偏好信息（景区类型、时间偏好等）等，是提升主动知识服务领域个性化信息服务质量的有效手段。康赵楠（2017）认为设计合理的情境信息本体，可以构建出内聚性强的知识服务模型，更好地挖掘出情境、用户、服务之间内在关联性，为用户提供面向情境感知的高质量主动知识服务。

（2）分析用户与行为、情境、设备以及服务关联性特征，如图6－10所示，依据用户当前情境及时调整推荐给用户的知识信息，满足用户特定情况下个性化信息需求。借鉴李浩君（2018）移动设备下情境感知信息推荐服务系统研究成果，构建具有通用性和扩展性的情境本体。

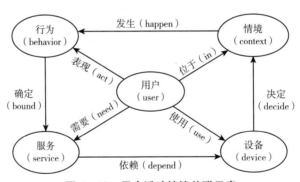

图6－10　用户活动情境关联示意

（3）以移动旅游景点推荐服务案例为背景，设计该案例服务中情境语义本体模型。主动推荐服务是在特定情境下为用户提供最适配的服务知识，涉及用户、环境和资源信息等主体。针对移动设备情境感知信息推荐服务问题，借鉴CONON模型两层结构思想（Wang et al.，2004），将情境本体模型分为两个层次，即上层本体和下层本体，上层本体描述通用概念相关的所有情境信息，下层本体是能添加特定领域内容的本体，不仅可以获取领域中特殊情境特征，还可以推理出高级情境。

上层本体核心围绕用户、环境以及对象三个核心概念类来组织，用于描述用户、对象以及环境的性质和特征。移动旅游景点推荐服务案例上层本体由物理情境（physical context）、用户情境（user context）、计算情境（computer context）以及对象（object）组成，用户情境与物理情境关系表示位于（inlocation），用户情境可以和对象进行交互，利用这 5 个核心概念类及其相互关系可以更好地描述推荐系统中用户的状态信息，即"用户位于什么环境中，有什么偏好，同时记录更新事件"。用户情境中包含的属性类包括用户自身信息，如姓名（name）、性别（gender）、职业（vocation）、地址（adress）、用户偏好（preference）等；物理情境包括位置（location）、时间（time）、天气（weather）等；计算情境相关的属性类则包含移动设备的网络信息状况（network）和设备信息（device）。移动旅游景点推荐服务情境本体如图 6 - 11 所示。

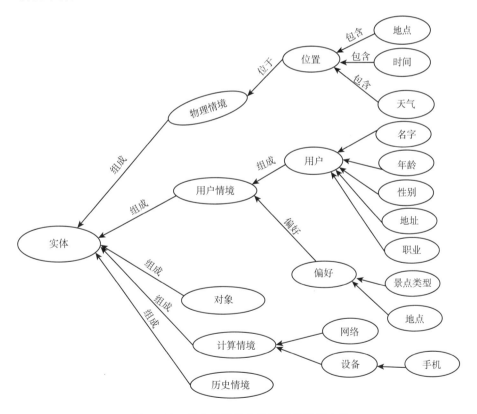

图 6 - 11　移动旅游景点推荐服务情境本体

2. 情境推理过程分析

移动设备获取的初始情境为低级情境，在进行主动知识服务之前需要对低级情境进行推理，从而生成被系统能理解的高级情境，目前大多数文献采用 SWRL 规则来实现情境推理，SWRL 规则相关内容可参阅本书第 4 章相关内容。荆心等（2019）提出情境感知应用中的推理逻辑一般采用 SWRL 规则描述方式，本章情境推理部分采用自定义规则描述。情境推理过程分析如图 6 – 12 所示。首先依据直接获取的情境信息，根据用户的活动行为和实时获取的情境信息，利用本体对情境信息进行描述，完成用户情境推理。其次将获取的情境信息存入情境本体知识库中，同时触发情境信息推理行为，根据不同的情境信息，采用自定义 ECA 规则进行推理，即 When < Context > If < Condition > Then < Service > 形式，context 表示情境信息，经过条件（condition）判断，主动提供下一阶段信息服务（service）。通过推理获得高级情境信息，这个阶段是从情境信息到情境感知服务的决策过程，是情境感知应用的关键部分，不断更新存储情境信息库，将情境本体导入规则推理机中，利用知识库对情境信息的一致性和正确性进行检验。最后判断更新后情境信息是否与已有信息冲突，如果存在，则进行冲突处理，反之则将实时更新情境信息存入情境知识库，完成高级情境推理操作。

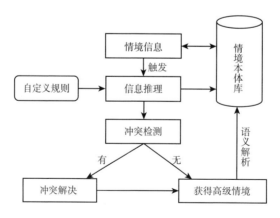

图 6 – 12　情境推理过程分析

经过语义解析形成规范化高级情境信息，即为情境本体，再用情境相似度算法计算与其他情境本体的相似性，根据情境信息相似度高低，主动推荐用户相似度较高的知识信息服务。

3. 主动知识服务领域情境相似度计算

情境本体构建能为主动知识服务模型设计与内容推荐提供依据。面向情境感知的主动知识服务推荐能够根据用户当前所处情境信息，挖掘和分析用户偏好以及兴趣特征，主动检索与用户需求特征最匹配的信息，为用户提供个性化知识服务。面向情境感知的主动知识服务模型中使用当前相关情境信息与历史情境信息进行相似度计算并生成知识服务预测资源，从而提高主动知识服务准确性。情境可以认为由 n 个情境属性构成，如公式（6-7）所示，定义为：

$$\text{Context}(C) = (C_{1c}, C_{2c}, \cdots, C_{nc}) \tag{6-7}$$

式中，C_{1c}，C_{2c}，$\cdots$，C_{nc} 分别对应着情境 C_1，C_2，$\cdots$，C_n。

使用余弦相似度扩展方法来计算情境本体相似度（Ricci F. et al.，2011），用 Sim（Context（C_1），Context（C_2））来表示两个情境本体之间 C_1 和 C_2 的情境相似度，该相似度计算公式如式（6-8）所示：

$$
\begin{aligned}
&\text{Sim}(\text{Context}(C_1), \text{Context}(C_2)) \\
&= \frac{Count(C_{1c}) + \cdots Count(C_{ic}) + \cdots + Count(C_{nc})}{n \cdot N}
\end{aligned}
\tag{6-8}
$$

式中，$Count(C_i)$ 代表在用户以往的情境信息中情境属性值的数目。

面向情境感知的主动知识服务模型中任何情境变化都是可以检测到的，将 ECA 规则中的事件理解为情境状态变化，事件变化能够触发规则。通过对用户情境的获取，记录不同情境下的行为兴趣偏好，计算所有相似情境属性下的推荐服务，向情境相似用户推荐资源，产生主动服务。其中，将系统推送给用户的知识资源以及获取的情境信息录入情境模型库，再与库中用户情境信息进行相似度匹配，得到相似情境的用户偏好内容，然后将这些信息进行匹配，旨在为相似情境状态的用户提供快捷、精准的个性化信息推荐服务。具体匹配过程如图 6-13 所示。

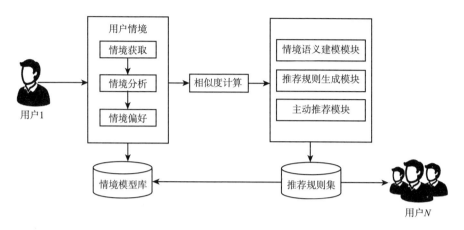

图 6 – 13   相似情境匹配过程

4. 主动知识服务领域规则推理应用

面向情境感知的服务应用中使用事件条件操作（ECA）规则，用事件来表示情境状态变化，将情境状态更改视为情境变化，情境变化即为应用场景中事件发生变化，比如当用户进入景点情境使用 EnterTrue（user，scene）来表示，如果要表示小明与小红关系亲近则使用 GetClose（小明，小红）等。ECA 规则中不同情境状态描述方式可用来表示情境状态转换的事件，情境状态变化的相关事件描述须事先在情境本体中定义。信息推送是主动知识服务最关键的部分，其发挥各种资源语义关联及知识导航作用，提高资源服务主动性、匹配灵活性的供给能力，及时感应用户情境状态变化，注重用户个性化体验，实现将个体信息需求与知识主动服务整合。基于本体的知识推送是指用户输入关键词来进行批量提取，并用本体对提取出的关键词进行表示，将这些本体存入情境本体模型，本体表示的关键词获取用户的情境信息，进而获取用户对情境知识的相关需求，完成基于ECA 规则的主动知识服务情境语义本体构建。但是，构造的语义本体只是作为情境基础知识结构，为了描述具体情况，需要根据用户的实时情况信息实例化本体结构中的概念类。

规则推理方法应用范围很广，祝浩（2018）模拟人类专家思路设计了基于规则推理的旅游景区景点信息主动服务系统。规则推理方法中规则不是只针对特定的情况和问题，而且适用于整个领域中的普遍问题，但与真正应用场景工作过程相比，ECA 规则相对稳定，并且能将情境状态变化融入规则推理中，更符合主动服务实际使用需求。ECA 规则以产生式规则为基本架构，即为 IF 条件 THEN 操作的形式，更强调真实的事件情境对服务的影响。当此规则中情境事件产生时，服务系统会主动感应并触发 IF-THEN 规则；如果条件为真，将执行接下来的操作，在执行过程中按照一定约束条件实施并逐个检查接下来的 IF-THEN 规则。

假定存在如下情境：春天某个天气晴朗的周末，30 岁的小王和朋友计划到杭州游玩，他们喜欢杭州历史名胜风景区，则服务系统会推荐西湖景点，并规划好路线、游玩时间以及附近服务信息等。在某景点区域范围内，如果小王和朋友想进入景区活动空间，则申请授权应用规则可描述为：

$$when\ in\ event(in\ Hangzhou)if\ travel(A)then\ acceptable(A)$$

假如下午 5 点半游客还在景点区域内，如果景点 6 点闭馆，当规则中的条件均满足，即可主动为游客发出相应的景区闭馆预警信息。此时使用最简约的 ECA 规则就能够完成主动服务最主要的部分，同时 ECA 规则能充分利用具体的情境信息，更好地为用户提供及时、准确、可靠的个性化服务，当意识到情境状态变化时，还可以为用户提供更多的合理化服务。因此，其在智能旅游服务领域有着很好的应用与发展前景。

本章小结

移动设备支持下用户行为需求与所处情境密切相关，移动互联网时代面向情境感知的主动知识服务研究具有很大的挑战性和现实应用价值。本章将 ECA 规则应用于知识服务应用领域，用户情境变化视为事件产生，构建面向情境感知的主动知识服务模型。本章的研究不仅拓展了主动知识服务理论内容和应用领域，而且也完善了 ECA 规则理论和应用模式，有助于提升情境感知视角下应用领域个性化服务能力。

第7章 情境感知视域下的知识服务机制研究

移动互联网环境下知识服务过程涉及多种情境因素影响作用，使得知识服务需求呈现出集成化、随机化、个性化以及垂直化特征。用户期待用更少的时间和精力获取更有针对性的知识内容，迫切需要有一种新型的知识服务机制，通过对应用场景时空特性数据进行分析和处理，实现领域情境信息识别、融合和应用，提供与用户情境特征适配的知识服务，提升移动互联网知识服务工作效率。本章从系统论的视角研究移动互联网环境下知识服务机制，设计情境感知视域下的知识服务框架结构，构建面向知识服务的三维关联本体模型，优化知识服务机制的关键技术，系统性地阐述情境感知视域下知识服务机制工作原理。

7.1 情境感知视域下知识服务框架

7.1.1 情境感知视域下知识服务需求分析

人工智能发展与5G网络技术应用提升了移动设备服务性能，丰富了移动设备情境感知服务方式和内容（袁磊等，2019）；同时移动互联网知识内容随着服务供需深入发展而日益丰富，也为用户获取知识内容降低了难度。互联网知识内容结构复杂性、种类繁多性以及来源广泛性等问题使得用户很难从海量信息中寻找到自己所需的知识，故如何有效利用多源异构数据为用户提供合适的知识服务成为目前研究热点（George et al.，2019；史海燕等，2018；陈氢等，2018）；知识服务不仅要为用户提供其所需的知识内容，而且要能根据用户情境变化动态调整服务内容（王福，2018）。传统的知识服务机制在移动互联网数据收集、分析以及组织等方面使用效率较为低下，导致服务内容单一化、结果准确性低等问题（Raza et al.，2019）。鉴于目前知识服务所提供的内容难以满足用户情境化、智能化、个性化需求，如何创新知识服务机制，从而有效利用多维情境数据来为用户提供高质量、合时宜的知识服务是亟须解决的问题。

移动设备知识服务旨在通过用户特征信息与领域知识库资源特征信息分析，挖掘两者之间直接和间接关系，找出最适合用户的知识内容。不同情境环境下用户需求和偏好也会发生变化，充分利用移动设备感知到的情境信息，是解决情境感知视域下知识服务问题的重要手段（Unger et al.，2016）。移动互联网知识服务不仅要考虑用户与知识资源之间的关系，而且也要考虑情境因素对用户需求的影响以及用户情境信息与知识资源信息之间的关系。建模是知识服务机制研究的重要内容，格鲁伯等（Gruber et al.，1995）认为语义本体模型可以解决不同系统间知识共享、重用、交互等问题，这为构建可交互、可复用和可解释的知识服务工作机制提供了重要启迪。虽然基于语义网本体的模型可以推理出知识之间内在关联关系，但是很难分析出最适合用户的知识内容和知识内容访问路径（许楠，2014；Kang et al.，2020）；而传统的个性化知识推荐方法可以计算出最适合用户的知识内容和访问路径，但存在方法冷启动、应用领域窄以及服务复用率低等问题（Valliyammai et al.，2019）。开展语义网本体建模与智能计算视角下知识推荐服务融合研究，不仅有助于突破移动设备知识服务瓶颈，找到提高移动设备知识服务质量和效率的方法，而且也是情境感知视域下知识服务机制研究迫切需要解决的关键问题。

知识服务机制本质是要满足用户个性化需求，借助于知识服务系统来为用户提供个性化知识内容推送或者知识内容检索等服务（杨金庆等，2020）。

目前知识内容绝大部分是面向用户理解设计，并不能被智能终端设备所理解，更不能被有序组织和存储；而且移动互联网时代知识服务不再表现为用户需求与知识内容简单的对应关系，用户需求复杂化与随机化、用户情境动态化与多元化以及用户操作个性化与垂直化等变化对知识服务提出了更多和更高的要求。利用知识图谱相关技术能够将多源异构信息以本体建模的方式组织成一个有机整体，并且模型具有很好的语义可解释性和规则推理功能，但很难解决逻辑相近知识内容的有序组织问题；利用智能计算技术能够有效解决个性化知识推荐问题，在电子商务、智能学习以及娱乐服务等领域得到较广泛应用（Lee et al.，2017；李浩君等，2019；石宇等，2019），开展情境感知视域下个性化知识推荐研究仍存在着服务准确率不高、服务智能化程度低等问题，其原因在于个性化推荐服务系统不能理解知识内涵，而且知识之间可解释性也较弱，系统无法理解知识之间关联性以及用户需求与情境之间的关系。情境感知视域下的知识服务要充分发挥前沿信息技术优势，不仅要将知识内容有机组织起来，而且要为用户提供个性化、智能化的服务。移动互联网时代用户知识服务需求期待体现在四个方面：

（1）内容精确推荐。即精确推荐结果，为用户提供最适合的知识内容，以减少非相关推荐结果干扰或高同质化结果所导致的选择困难。

（2）服务情境匹配。即能够满足用户所处情境的需要，例如，提醒用户哪些文档是其过去浏览过且与现在进行的知识工作情境相关的。

（3）行为精准预测。即能够感知用户情境的变化，从而预测用户未来所需，以减少人机交互复杂度，节省用户时间。

（4）内容多样供给。即在满足用户需求的同时尽量满足多样化服务内容，以激发用户的知识创造力。

情境感知视域下移动设备知识服务已经在智能学习、智慧旅游以及娱乐休闲等领域进行研究探索。小野千寻等（Ono et al.，2007）融合同伴、电影院地址以及心情等情境信息，利用贝叶斯网络构建基于用户偏好的电影领域知识服务；洪智元等（Hong et al.，2014）考虑时间、位置、天气、设备状态等情境信息，设计基于随机游走算法的音乐领域知识服务；徐振兴等（Xu et al.，2015）分析带有地理位置信息的照片来获取用户旅游历史记录，研究基于用户情境的旅游知识服务；都丰等（Do et al.，2015）设计了面向学习领域的情境感知知识服务框架；周玲元等（2016）研究了面向数字图书馆的情境感知个性化知识服务机制。从机制研究行动上来看情境感知视域下知识服务机制研究主要分为两类：一是通过理论设计与仿真验证方式开展研究，主要研究机制组成要素、工作机理以及应用可行性分析等方面内容；二是通过设计开发情境感知知识服务应用系统，提供与用户需求和情境特征相匹配的知识服务。目前不同情境感知系统应用场景只能满足特定领域服务需求，但不同领域情境信息需求存在差异化，使得服务系统对情境数据获取侧重点也不相同，导致当前领域内开发的情境感知知识服务系统框架缺乏系统结构的共享性和可拓展性。而针对特定应用设计的情境信息模型缺少可以通用的情境模型，导致不同系统间情境信息难以互通和复用。从机制实现机理上来看情境感知视域下知识服务机制研究内容主要分为两个方向。一是语义网技术支撑下知识服务机制研究方向。此方向所开展的机制研究工作在语义理解和推理上有优势。针对语义推理容易出现同质化问题，有学者引入简单寻优算法来避免此问题。安东尼奥·莫雷诺等（Moreno et al.，2013）通过构建用户本体、旅游本体、地理本体等多个本体，结合情境数据信息，利用协同过滤算法设计了面向个性化旅游的知识服务系统，实现基于语义网的旅游知识服务；姬鹏飞等（2016）通过构建旅游领域本体模型，构建旅游领域知识服务机制，通过语义推理定制个性化旅游线路；夏立新等（2017）等构建了语义网本体模型，设计基于本体模型的知识检索查询服务系统。另一个方向是智能计算优化视角下的知识服务机制研究。此方向开展机制研究工作在寻优上存在优势。赵武生等（2007）提出了面向数字化学习领域的教育资源自适应优化算法，提升了社区 E-learning 个性化知识服务系统性能；倪志伟等（2013）将云和声搜索算法应用于知识服务组合优化领域；姚威龙等（Yao et al.，2015）将图论引入知识服务领域并设计了情境化知识服务机制，该机制利用隐性情境信息构建复杂情境网络图，在此基础上通过排序算法实现情境感知知识推荐；叶俊民等（2019）提出基于异构信息网络的知识服务算法，通过给模型赋予语义提高服务的智能性，从而提高了服务精度。

充分利用获取到的情境信息，研究知识服务情境信息融合的可用性、有用性以及易用性途径，解决移动设备知识服务需求随机化、情景化、集成化以及精准化问题，是提升移动设备知识服务工作效率的重要手段。语义网技术与智能计算融合应用是设计情境感知视域下知识服务机制的关键，从技术视角研究移动互联网知识服务机制，也是目前移动互联网知识服务发展内在的迫切需求。

7.1.2 情境感知视域下知识服务框架设计

情境感知视域下知识服务需要满足用户多源情境匹配服务要求，其关键就是要充分地获取、处理和分析用户情境数据，借助知识服务系统提供与情境最匹配的知识内容。知识服务工作流程如图 7 - 1 所示，系统获取到用户需求，结合移动设备获取到的情境信息来开展分析决策，提供与用户情境相适应的知识。

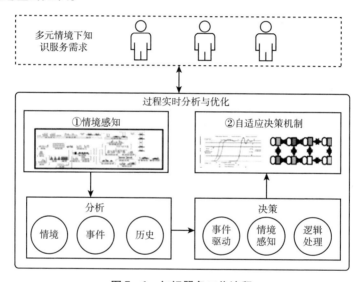

图 7 - 1　知识服务工作流程

为了实现图 7 - 1 所示的工作流业务逻辑，结合知识服务实际需求，设计的情境感知视域下知识服务框架如图 7 - 2 所示，主要由感知层、分析层与交互层组成。

第一层为感知层，负责数据收集与管理。数据收集是任何普适计算环境下应用服务的基础，原始数据的准确性会影响后续服务工作效率。因此本层是情境感知知识服务架构的数据基础层，目的是打破异构数据源间的数据壁垒，构造可复用、可拓展、可共享的多维数据模型，让各类数据能够被系统收集。情境数据大多是通过移动设备来获取，不同移动终端获取的数据格式存在差异性，因此需要对获取的情境数据开展规范化描述，具体可参阅本书第 3 章相关内容。

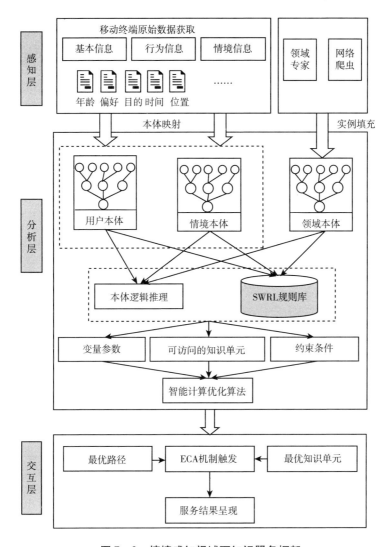

图 7 - 2 情境感知视域下知识服务框架

第二层分析层，负责应用领域本体建模和情境推理。分析层目标是将感知的情境数据映射进对应的本体模型中，结合领域本体实现逻辑推理和规则推理，把数据转化为低维语义信息后再转化为面向知识服务领域的高维信息。低维的情境信息使用本体来描述实体及其关系，这些实体及其关系可以从原始数据中进行语义组织。尽管在本体中已经描述了实体间逻辑关系，但对于实体间的隐性关系仍难以利用，因此设计本体的推理规则来生成高维情境信息。林春福（Lin，2013）将统计和机器学习方法应用于情境数据的探索性分析；程秀峰等（Cheng et al.，2018）使用随机游走和聚类数据挖掘算法来发现与用户行为模式相对应的隐式情境信息。目前研究者利用算法来发现不同的规则，且每个算法集对应于不同的推理规则。例如，K-means 算法可以应用于聚类用户行为模式推理规则服务，已在学习环境应用领域得到深入研究。由于本体推理方法不具备寻优计算服务功能，因此需要借助智能计算技术弥补语义网技术的短板，将语义网组织推理出的高阶信息作为智能计算优化算法输入信息，为用户提供当前情境下的最优解。

第三层交互层，负责服务规则设计与服务内容推送。该层是知识服务支撑架构的应用层，目的是构建一个情境感知视域下知识服务推送模型。通过分析层的工作，系统得到了与用户所需的知识内容，但仍需要为用户适应性地呈现相关内容，否则会造成用户认知负荷等问题。结合第 6 章设计的 ECA 规则，主动为用户提供其所需知识内容。

7.1.3　异构数据语义融合工作机理分析

图 7 – 2 中，感知层是为分析层提供情境信息服务，情境数据和领域知识数据通过映射填充之后才能真正为知识服务框架分析层所用。为了更好地开展语义标注、元数据建立、本体映射以及应用规则定义，本书提出了面向知识服务的数据语义融合模型体系结构，如图 7 – 3 所示。

该体系结构共分为四层，分别是数据适配层、本体描述层、语义处理层以及应用层，前三层主要用于定义数据对象的静态语义，最后一层主要用于定义动态语义。数据适配层通过将数据内容与表示分离开来，定义面向操作的数据语义描述规范；同时，根据设备类型和操作方式将信息区分粒度和设备调度方式等信息整合到具体操作过程中，设计出统一的操作界面，包括针对不同操作的语义参数；为了提升知识服务领域抽象数据应用的合理性，本书采用 RDF/OWL/XML 语言描述知识服务数据空间中的领域知识，完成领域本体实例填充工作。图 7 – 4 是实例填充数据分解示例。

本体描述层负责提供本体使用底层数据对象的接口，还负责定义后续

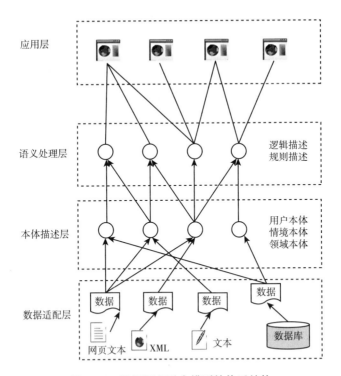

应用层

语义处理层 · 逻辑描述 规则描述

本体描述层 · 用户本体 情境本体 领域本体

数据适配层

数据 数据 数据 数据

网页文本 XML 文本 数据库

图7-3 数据语义融合模型的体系结构

推理实施所需要的概念间关系。语义处理层负责本体描述信息的管理和应用，具体涉及规则容器、本体模型以及推理引擎等方面的信息管理，如语义数据、操作模式以及用户需求等内容管理；而且该层还承担应用层用户与本体数据对接管理工作。应用层通过接口为用户提供支持多种模式的标准应用程序服务，例如环境感知服务，设备操作服务以及信息存储与共享服务等。

本章利用斯坦福大学 Protégé 建模软件完成本体模型构建，具体模型构建过程可参阅本书第4章相关内容。本体中的实例通过本体填充技术进行填充。互联网中有大量的领域知识数字资源，但通常知识结构化程度较差，不能直接将数字资源映射到本体模型中；而人工编辑实例的方法虽完整度高但效率低，难以处理海量的信息且难以保证客观性。目前本体实例语义主要通过人工参与的监督或半监督方法来标注（Yi et al. , 2010）。最常用的本体实例化方式是知识库管理人员通过网络爬虫方式半自动地从互联网上收集数据并填充进知识本体模型中。本章使用 ICTCLAS 2019 汉语分词系

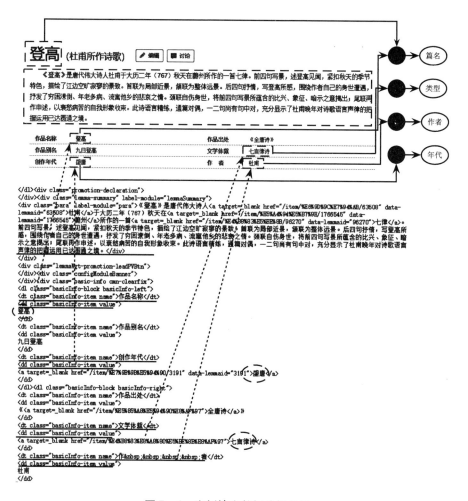

图 7-4 实例填充数据分解示例

统对爬取到的数据进行预处理，提取出领域知识信息中的关键词组和语义三元组，后续与情境数据一样完成本体实例填充工作。

作为模型应用的基本数据对象通常是来自不同数据源的异构数据，有多重数据存储形式，如 mySQL、XML、OWL、文本文件以及 Web 服务等。通过定义来自不同数据源的异构数据本体描述模型，建立本体与数据源之间的映射关系，可以表达数据对象的语义，实现异构数据的融合。如图 7-5 所示的环境传感器，采用易于解析和查询的 RDF 三元组来描述数据资源，并通过由时间、位置、天气以及类型组成的 URI 来唯一标识被感知数据。

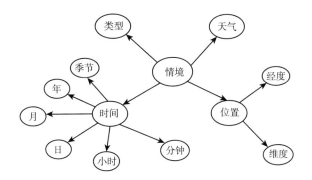

图 7 - 5　环境传感器异构数据融合示例

7.1.4　面向语义网本体的智能计算应用

图 7 - 2 中，知识服务框架分析层主要功能由语义规则推理和智能计算应用两部分组成。其中语义规则推理包含了基于本体的逻辑推理和基于 SWRL 的规则推理。逻辑推理是指利用本体结构间的相互逻辑关系开展推理，而 SWRL 规则推理则需要领域专家和系统管理员添加相应的推理规则后才可以开展推理。从图 7 - 2 进一步深入研究可以发现，借助语义网本体技术，通过语义推理将本体中的数据转化为智能计算优化算法所需要的数据源，并且也将领域本体中适合用户的数据交给智能计算优化算法进行寻优计算，同时将不符合用户知识需求的领域知识排除在智能计算服务对象外。上述数据处理过程一方面能减少智能计算优化算法的计算量和运算时间，另一方面一定程度上也能解决智能计算优化算法面对多源异构数据冷启动问题。将本体模型进行语义推理再进行智能计算过程，充分利用了语义网推理和智能算法的优势，弥补了相互的不足，为优质、高效的情境化知识内容服务引擎设计提供了技术保障。

智能计算优化算法与语义网融合应用能够提高本体应用服务精度，基本思路是在分析语义对应特征基础上，利用智能计算算法优化本体属性、本体结构以及本体语义关系等因子值，提升语义网本体应用服务匹配度。薛醒思（2014）从进化算法视角研究本体匹配问题；薛醒思（2015）将混合多目标优化算法用于本体映射结果优化研究；韩学仁等（2017）将粒子群优化 BP 神经网络（PSO - BP）与地理本体概念语义相似度研究相结合，提出了相似度度量优化模型；郭斯檀等（2019）将模糊逻辑引入领域本体，构建融合模糊本体与遗传算法的数字图书馆推荐系统框架；这些工作的开展也为本章研究工作顺利实施提供了研究基础。

7.2 知识服务问题分析与模型构建

7.2.1 情境感知视域下知识服务问题分析

情境感知视域下知识服务要提供与用户需求相匹配的情境化知识内容，是综合考虑用户需求、知识内容、服务环境等因素的资源优化与调度结果。从语义网本体技术应用视角研究知识服务往往只关注服务情境与用户之间关系解析，弱化了用户与领域知识之间的关联特征，导致此类知识服务应用范围较广但内容推荐精度较低，需要融入用户主动知识内容筛选操作才能获得自己所需的知识。而从智能计算应用视角研究知识服务，通常只关注用户和领域知识之间的关系解析，而忽略情境与领域知识的关联关系，导致了此类知识服务存在着应用范围窄、情境因素影响低以及用户体验较差等问题。情境感知视域下知识服务的实质是对用户、情境以及领域知识三个要素之间关系的深度解析，挖掘与分析三要素之间的相互关系，构建服务需求个性化、服务内容精准化、服务过程智能化的知识服务体系。

情境感知视域下知识服务目标实现涉及用户需求解析、服务情境提取以及领域知识筛选等复杂操作，本章采用目标拆分研究思路来为用户提供情境匹配度高的知识内容，但目前需要解决的关键问题有两个：一是如何将移动设备获取到的高维数据与庞大的领域知识数据信息进行有效组织；二是如何实现对组织数据进行有效的分析和高效的计算。情境感知视域下知识服务问题分析如图 7-6 所示。首先，从图 7-6 左侧移动设备和用户处获得情境信息和用户信息，需要构建合适的模型来实现原始数据到低阶情境转换，进而获得高阶情境；其次，需要设计合理规则和优化智能计算算法，利用高阶情境信息从领域知识库中找出最合适的知识内容；最后，需要有功能完整、运作高效的服务机制，降低服务响应时间。上述问题顺利解决才能从领域知识库中找到适合用户需求和服务情境的知识内容，避免用户陷入知识迷航，推动知识服务智能应用发展。

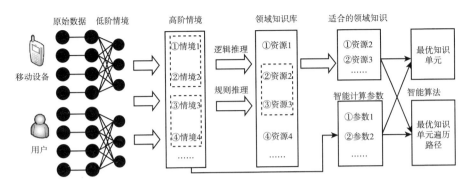

图 7－6　情境感知视域下知识服务问题分析

7.2.2　知识服务模型构建与目标函数设计

1. 知识服务过程的影响因素

知识服务过程受三个维度因素影响：一是领域维度，即知识服务的领域因素，用户需求会对知识服务方式和服务结果产生很大的影响；二是情境维度，即知识服务的情境因素，情境影响作用往往是对知识服务需求求解过程优化；三是用户维度，即知识服务的对象因素，用户的习惯、偏好和历史信息等因素对知识服务的准确性和高效性有着重要的影响。用户因素、情境因素与领域知识之间关系如图 7－7 所示，不仅每个维度因素内部

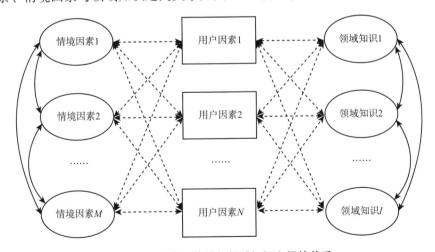

图 7－7　用户、情境与领域知识之间的关系

之间存在相互影响关系，而且情境因素与用户因素之间以及用户因素与领域知识之间也存在相互影响关系。知识服务模型构建是以这三个维度因素为核心来开展的，模型不仅要能描述每个维度因素特征，而且模型也要能描述好三个维度因素之间的关联关系。

（1）领域维度：不同的知识服务事件隶属于不同的领域，知识服务是将该领域中满足用户需求且与用户特征契合的信息提供给用户（见图7-8）。该领域知识点（POI）可表示为集合 $X = \{X_1, X_2, \cdots, X_i\}$，$1 \leq i \leq I$，$X_i$ 即为领域中第 i 个信息点实例。领域信息实例通常会有一些区分特征，例如，在学习领域中课程会包含课程类型、课程难度、授课人群等。且特征也会有很多类，例如：授课人群可以分为：初一、初二、初三。因此记这些特征为 $X = \{X_{i1}, X_{i2}, X_{i3}, \cdots, X_{iK}\}$，$1 \leq i \leq I$，$1 \leq k \leq K$。$X_{ik}$ 表示第 i 个实例的第 k 个特征。

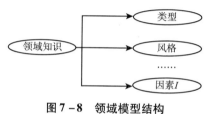

图7-8 领域模型结构

（2）情境维度：用户对知识服务需求会受到情境因素的影响，例如，用户在冬季游玩一个城市，往往希望得到适合于冬季游玩的景点。因此对情境信息进行归类和形式化描述有利于解决知识服务问题。情境因素包含很多种类（见图7-9），记情境因素为 $C = \{C_1, C_2, \cdots, C_m\}$，$1 \leq m \leq M$，$C_m$ 表示第 m 个情境因素。对于第 m 个情境因素的特征描述用 $B = \{B_{m1}, B_{m2}, B_{m3}, \cdots, B_{mj}\}$，$1 \leq j \leq J$。

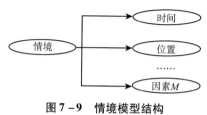

图7-9 情境模型结构

（3）用户维度：用户是知识服务的对象，用户本身的特征对知识服务需求影响最大（见图7-10）。用户对象可表示为集合 $U = \{U_1, U_2, U_3, \cdots,$

U_n}，$1 \leqslant n \leqslant N$，$U_n$ 表示第 n 个用户，用户特征可表示为集合 $D = \{D_{n1}$，$D_{n2}, D_{n3}, \cdots, D_{nf}\}$，$1 \leqslant f \leqslant F$。

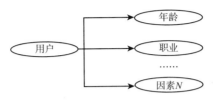

图 7 – 10　用户模型结构

2. 知识服务目标函数的设计

为了提高知识服务精度，需要构造知识服务目标函数进行计算评价。知识服务系统工作过程中用户会对服务内容不理解，导致服务内容不符合用户期望，用户产生知识迷航现象，因此，将知识迷航值（knowledge disorientation）作为服务目标函数能够识别知识服务质量优劣。知识迷航值指的是用户在接受知识服务时，产生对知识内容不理解的程度。知识迷航值越高，意味着知识服务的效果越差，反之知识迷航值越低，则说明知识服务的效果越好。深入分析三个维度因素之间的关系，需要计算领域知识单元特征与对应用户特征水平之间的差值、领域知识单元内容与用户期望之间的差值，访问领域知识单元所需时间与用户期望时间的差值以及领域知识单元特征与当前情境特征之间的差值，构建的 4 个子目标函数如表 7 – 1 所示。

表 7 – 1　　　　　　　　　　知识服务子目标函数

目标函数	含义
$F_1 = \dfrac{\displaystyle\sum_{n=1}^{N}\sum_{k=1}^{K} X_{nk} \mid X_{nD} - U_{kA} \mid}{\displaystyle\sum_{k=1}^{K} X_{nk}}$	知识单元特征和对应用户特征水平之间的差值
$F_2 = \dfrac{\displaystyle\sum_{m=1}^{M}\sum_{n=1}^{N} X_{nk} \mid XR_{nm} - UH_{nm} \mid}{\displaystyle\sum_{n=1}^{N} X_{nk}}$	知识单元内容和用户期望之间的差值

续表

目标函数	含义
$F_3 = \left(\max\left(t_{lk} - \sum\limits_{n=1}^{N} t_n X_{nk}, 0 \right) \right)$ $+ \left(\max\left(0, \sum\limits_{n=1}^{N} t_n X_{nk} - t_{lk} \right) \right)$	访问知识单元所需时间和用户期望时间的差值
$F_4 = \dfrac{\sum\limits_{n=1}^{N} \sum\limits_{k=1}^{K} X_{nk} \mid X_{nD} - S_{kA} \mid}{\sum\limits_{k=1}^{K} X_{nk}}$	知识单元特征和当前情境特征之间的差值
$\min f(x) = \sum\limits_{j=1}^{J} \omega_j F_j$	知识迷航目标函数值

通常知识服务不只是提供单一知识单元内容，而是包含多个知识单元内容，用户需在系统引导下遍历这些知识单元内容。表 7 - 1 所计算的是单个知识单元的知识迷航值。对于用户需遍历多个知识单元内容问题，本书统称为知识服务路径规划问题。不同情境下知识服务路径规划约束条件不同，根据用户特征和领域知识，本书提出了七种针对不同情境要求下的知识服务要求。相关名词定义如下：

定义 1：知识单元（konwledge unit，KU）：领域知识中无法再细分的知识内容或知识文件。

定义 2：目标知识（target knowledge，TK）：用户知识服务过程中想要达到的知识目标。

定义 3：依赖关系（konwledge depenfency，KP）：知识单元之间的逻辑关系或规则关系。

定义 4：知识图谱（knowledge map，KM）：知识图谱是有向图，其将知识单元视为节点，并将知识单元之间的关系视为边。

定义 5：服务路径（service path，SP）：由知识目标确定并由多个知识单元组成的序列。

分析不同领域下知识服务路径面临的不同需求情况，可归纳为如下七种类型：

（1）补充知识盲区服务路径（有效学习路径）：用户知识子图包含尚

未有效学习的大多数 KU。知识子图是由起始 KU 到目标 KU 的路径生成，当且仅当 KU 的总学习持续时间超过其原始持续时间的 80% 时，该 KU 才是有效学习的。

（2）最少知识点路径：用户目标图中的路径包含最少数量的 KU。

（3）最短时间路径：用户目标图中的学习路径包含 KU 的最短时间。

（4）关键知识点路径：用户目标图中的学习路径包含 KU 的最大学习集中度。

（5）易于理解的知识内容服务路径：用户目标图中的路径包含学习频率最高的 KU。KU 的学习频率越高，用户对 KU 越熟悉。KU 的总频率用于确定知识服务路径是否易于理解的度量。

（6）最全知识点路径：用户目标图中的学习路径具有更多尚未学习的 KU。

（7）最高关注度的知识内容服务路径：用户目标图中的学习路径包含关注度最高的 KU。

根据上述七种知识服务路径需求内容的描述，结合用户信息和情境信息特征，七种知识服务路径的约束函数如表 7 - 2 所示。

表 7 - 2　　　　　　　　七种知识服务路径的约束函数

知识服务路径名称	约束函数	参数说明
补充知识盲区服务路径（有效学习路径）（申云凤，2019）	$f_1(p_i) = \dfrac{n_r}{m_r(p_i) + 1}$	n_r 是用户没有有效学习的 KU
最少知识点路径	$f_2(p_i) = \dfrac{l(p_i)}{l_M}$	$l(p_i)$ 表示服务路径 p_i 的 KU 数，即路径长度，l_M 是用户目标最长长度
最短时间路径（洪烨等，2016）	$f_3(p_i) = \dfrac{l_t(p_i)}{l_M}$	$l_t(p_i)$ 是服务时长，l_M 是用户目标最长使用时间
关键知识点路径（Liao et al.，2018）	$f_4(p_i) = \dfrac{l_{dM}}{l_d(p_i)}$	l_{dM} 是路径中的中心性 KU 数总和，即关键路径总和，$l_d(p_i)$ 是用户目标路径长度
易于理解的知识内容服务路径（Gao et al.，2016）	$f_5(p_i) = \dfrac{l_{WM}}{l_W(p_i)}$	$l_W(p_i)$ 是路径 p_i 上 KU 的总访问频率，l_{WM} 是用户目标路径最大的 $l_W(p_i)$

续表

知识服务路径名称	约束函数	参数说明
最全知识点路径（Zheng et al.，2017；Gao et al.，2016）	$f_6(p_i) = \dfrac{n_u}{m_u(p_i) + 1}$	n_u 是用户目标中未访问的 KU 数量，$m_u(p_i)$ 是在路径中未访问到的 KU 数量
最高关注度的知识内容服务路径（王峰等，2019）	$f_7(p_i) = \dfrac{l_{hM}}{l_h(p_i)}$	$l_h(p_i)$ 是一个服务路径中的 KU 关注度总和，l_{hM} 是最大关注度 KU 总和

知识服务路径规划的知识迷航值目标函数表示为 $\min_{i=0,\cdots,k} f(p_i)$，且根据特定约束条件输出推荐的知识服务路径，具体展开如式（7-1）所示：

$$
\begin{aligned}
\min f(p_i) = \min_{i=0,\cdots,k}(&\alpha \times (f_1(p_i)) + \beta \times (f_2(p_i)) + \gamma \times (f_3(p_i)) \\
&+ \delta \times (f_4(p_i)) + \varepsilon \times (f_5(p_i)) \\
&+ \in \times (f_6(p_i)) + \theta \times (f_7(p_i)))
\end{aligned}
\tag{7-1}
$$

7.3 情境感知视域下知识服务流程

知识服务是以用户为中心、以知识为核心的内容供给应用服务，本章在图7-2情境感知视域下知识服务框架基础上，设计了如图7-11所示的情境感知视域下知识服务流程。用户借助移动设备完成人机交互操作，利用三维关联本体开展情境感知和信息分析，实现用户需求情境化描述，运用语义网本体推理技术获取高阶情境信息，然后由智能计算优化算法和ECA规则组成的主动推送服务引擎处理高阶情境信息，ECA规则实现主动知识服务可参阅本书第6章相关内容。应用服务将拟供给的服务内容传递到适应性内容呈现模块，该模块通过内容重组、呈现优化等操作后将服务内容推荐给用户，完成整个知识服务操作。

为了能更好地将情境感知视域下知识服务架构付诸实践应用，本节结合图7-11知识服务流程分析，从技术实践层面解析知识服务运行机制工作原理，分析多源异构用户情境数据获取、三维关联本体模型（用户—情境—领域知识）构建、情境化多粒度本体模型与智能计算融合应用以及情境化知识单元自适应服务设计等机制核心内容的实现路径。

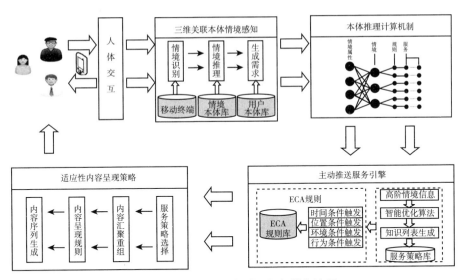

图 7 – 11　情境感知视域下知识服务流程

1. 多源异构用户情境数据获取路径

借助移动设备的情境感知服务功能，通过用户移动设备感知、协同感知等方式获取用户不断变化的情境数据，如图 7 – 12 所示。直接获取信息包括用户所在位置、发出知识需求的时间以及周边环境等；同时通过移动设备主动获取或者调用用户历史信息，该信息包括用户基本信息以及用户偏好等。用户基本信息主要包含如用户名、性别、年龄、年级、消费情况等，用户偏好主要包含用户需求特征、消费偏好、兴趣偏好等。

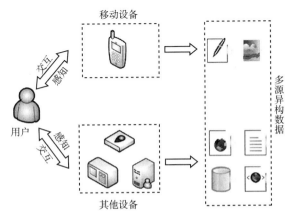

图 7 – 12　多源异构用户情境数据获取路径

2. 三维关联本体模型构建路径

研究可共享、可复用、可拓展的三维关联本体模型实现路径，即怎样把多源异构的数据转化为本体可共享可复用的规范数据，实现三维本体关联模型构建。为了将该模型的实现机理直观、细致地展现出来，将该模型的实现过程分成多源异构高维数据获取、情境数据规范化处理、情境数据的形式化描述以及情境化本体模型生成四个阶段，如图 7 – 13 所示。第一阶段是将领域知识和用户情境高维数据进行归类分析，主要是对从互联网中获取的领域知识数据和用户行为历史多源异构数据进行分析处理，将异构数据源中具备共享性的数据提取出来，用标准化的数据接口整合处理，便于采集和拓展各异构数据源的领域知识和用户数据。第二阶段是情境数据规范阶段，此阶段的目的是将获取的数据转化为能被系统读取和识别的标准化数据，生成标准通用的数据规范格式。第三阶段是情境数据的形式化描述阶段，主要是将规范化后的情境数据进行形式化描述，通过将情境数据的用户、情境、领域事件 3 个维度进行三维关联本体模型构建。采用统一多维动态数据组合的数据形式化描述方法，依据语义网本体建模标准，利用 Protégé 建模软件开展知识建模。第四阶段是三维关联本体模型生成阶段，该阶段利用前三个阶段的梳理结果，根据三个本体模型维度划分，构建三个不同维度的数据立方体，生成可共享、可复用、可拓展的本体模型。

图 7 – 13　三维关联本体模型构建路径

3. 情境化多粒度本体模型与智能计算融合应用路径

将获取到的情境数据映射到构建好的三维关联本体模型中，形成多层次、细粒度、有组织的数据结构；为了更深层次地挖掘用户的隐性知识需求，利用语义网推理技术进行推理计算，将低阶的数据转化成高阶的信息。在此基础上利用智能算法进行寻优计算，计算出当前情境下与用户需求最匹配的知识单元以及单元序列。具体融合应用路径如图 7 – 14 所示。

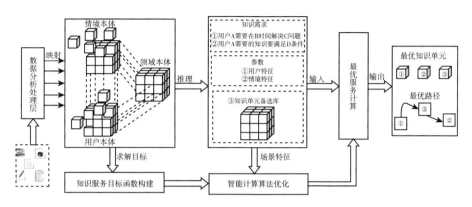

图 7 – 14　本体模型与智能计算融合应用路径

4. 情境化知识单元自适应服务设计路径

情境化知识单元自适应服务是整个知识服务功能集成，是技术服务于知识需求实践，也是知识服务机制应用的最终目标。自适应服务设计要利用三维关联本体模型来分析用户—情境—领域知识之间的关系，通过移动设备感知情境数据解析来挖掘用户实际需求，通过推理与优化计算操作，智能推送与用户特征最匹配的知识内容，为用户提供适应性知识服务，以提高知识服务精准度和服务及时性能力。

7.4　情境感知视域下知识服务关键技术

虽然信息技术发展使得支持知识服务运行的终端设备智能化程度越来越高，设备也能感知部分情境信息，但目前还无法达到类似人直接理解情境并做出判断和决策的能力。本章从情境感知视角研究知识服务机制，将语义网本体推理技术和智能计算优化算法技术引入最优知识服务求解过程，以提高知识服务智能化程度。

7.4.1 基于三维关联本体模型的推理计算

为解决机器能直接或者间接理解互联网信息数据问题，蒂姆·伯纳斯·李（Lee，2001）提出了语义网（semantic web）的概念，随后语义网技术不断发展也衍生出许多语义网本体工具（王昊奋等，2019）。Protégé 本体建模工具只需概念上理解本体的属性和约束即可完成领域本体建模，建模人员不被本体描述语言的复杂语法规则所困扰，从而大大提高了建模效率（Horridge et al.，2009）；基于 Protégé 的可视本体模型与基于 RDF/OWL/XML 的本体模型在本质上是一致的，本章后续本体建模讨论都使用 Protégé 工具构建可视本体模型。本体模型中常用的推理引擎包括 Jess、Racer、Fact + +、Hermit、Jena 以及 Pellet 等（Eriksson，2003；Huang et al.，2008；Glimm et al.，2014；Alves et al.，2015）。从使用方便性角度考虑，本章选用内置于 Protégé 工具的 Jena 推理机作为知识服务实现过程的推理工具。本章 7.3 节详细阐述了三维关联本体模型实现路径，但模型推理功能是否高效实现影响着三维关联本体模型能否成功应用，目前模型推理计算主要由逻辑推理和规则推理协同实现。

（1）基于本体逻辑属性的推理计算。该推理计算主要依靠本体自身逻辑属性来完成推理，即利用领域内概念之间的关系来挖掘关联信息（Chen et al.，2020）。如针对部分信息系统数据缺失导致推荐服务难以运行问题，通过建立本体模型和本体逻辑属性分析，利用语义网逻辑标注就能推理出遗漏或缺失参数，完善和优化推荐服务初始化参数。

（2）基于自定义规则的推理计算。基于本体逻辑属性的推理计算往往不能识别出其隐性的知识，需要依靠建模人员和领域专家采取相应的处理方法才能将隐含在本体显示关系中的隐性知识提取出来（李浩君等，2018）。例如，小明喜欢游故宫，能推理出小明喜欢游玩历史文化类景点，但是加入一个情境变量，比如今天是雨天，逻辑推理仍然会将所有历史文化类景点进行推送，而无法充分利用雨天这一个重要情境因素进行相应处理；但利用自定义规则推理方式可以提供适合当前情境的可访问景点，即历史文化类景点并且适合于室内游玩的景点。因此，基于自定义规则的推理计算应用能极大降低事件处理复杂性，提高知识推荐服务工作的精准性。

本体推理计算是将上述两种推理计算方式融合协同应用，陈海楠等（Chen et al.，2019）提出了拓展本体推理应用的逻辑框架，以适应从异构语义知识源派生的规则。推理引擎和设置结构仍保持不变，只是对输入规则进行局部更改，当需要使用首选项时会进行一些更改。添加首选项后的规则典型结构如式（7-2）所示，其中 m 为领域事件，P_i 为规则语句，P_0：F：CS 为经过推理的结果三元组组合。

$$m:P_1, P_2, \cdots, P_N \rightarrow P_0:F:CS \text{ where } n \geqslant 0 \qquad (7-2)$$

以移动智能手机使用为例说明从三维关联本体视角能更好地分析用户情境行为规则，获取并能考虑更多的用户情境特征和规则属性。

1. 从情境本体与领域本体关联性分析

现实生活中的电话日志数据通常包含一组功能，其解释取决于某些情境信息。情境要素是由相关的环境因素组成，并且用户参与其中，例如情境因素时间类别中包含一天中的时间（24 小时），一周中的某天（星期一，星期二，……，星期日）等信息，情境因素空间类别包含用户的当前位置（例如办公室等）、社交类别中用户的社交活动、用户个人社交关系等信息。因此，领域专家制定规则时要尽可能考虑和挖掘情境特征与领域特征的隐性关系。

2. 从领域本体与用户本体关联性分析

现实生活中个人手机使用行为并不完全相同，并且在相同情境下（例如在会议中）可能因用户习惯而异。例如，移动电话用户（例如雇员张三）通常会"拒绝"会议中的来电；另一个人（例如张三的老板）可以在该会议期间"接听"来电。对于类似的情况，可以制定规则（social situation→meeting），不同的人（张三和他的老板）在现实生活中使用自己的手机可能会表现出不同的行为。因此，规则还应考虑到用户与领域之间的关联性。

3. 从用户本体与情境本体关联性分析

用户在不同情境下使用手机会表现出不同的行为方式，而不同用户在相同情境下使用手机也会表现出不同的行为。例如，一个人在办公室时总是（100%）"拒绝"拨入的电话（"一致行为"）；另一个人在办公室时可能会"拒绝"大多数来电（85%），"接听"（10%）和"未接"（5%）少量来电（"行为不一致"）。因此，用户行为规则在特定情境下（location→office）会存在差异。因此，行为规则应基于用户特征和情境特征去制定。

为了降低推理规则规模和规则编写难度，本章采用目前使用较为广泛的一致行为规则推理方式（Moguillansky，2016），而对于行为不一致推理规则推理，则使用智能算法进行寻优计算，以避免推理过程中的信息损失，提高知识服务内容推荐的精准性。因此本章推理规则是利用推理技术，将低阶情境转化为高阶情境，一方面为后面智能计算提供参数准备，另一方面也为后续智能计算应用降低计算量。传统知识服务与基于本体的知识服务差异性比较如图 7-15 所示。

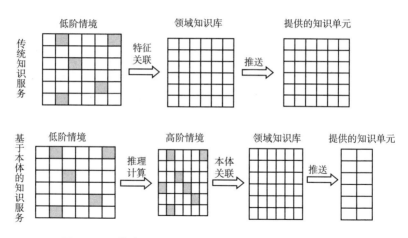

图 7-15 传统知识服务与基于本体的知识服务比较示意

7.4.2 基于时变状态的二进制粒子群优化算法

1. 二进制粒子群算法基本原理

粒子群算法（PSO）是模拟鸟类觅食行为来解决连续优化问题，是一种基于群体智能的优化算法；而现实生活中许多问题具有离散性质，二进制粒子群优化算法 BPSO 更符合实际问题求解需要。BPSO 算法中粒子速度更新公式如式（7-3）所示，采用 S 型传递函数将连续搜索空间修改为二进制搜索空间，函数值 T 表示速度映射的概率值，如式（7-4）所示。BPSO 粒子位置的更新方法如式（7-5）所示：如果概率值大于随机值，则粒子位置被更新为 1；否则粒子位置为 0。

$$v_{ij}^{t+1} = \omega v_{ij}^t + c_1 r_1 (pbest_{ij} - x_{ij}^t) + c_2 r_2 (gbest_{ij} - x_{ij}^t) \qquad (7-3)$$

$$T(v_{ij}) = 1/(1 + exp(-v_{ij})) \qquad (7-4)$$

$$\begin{cases} X_{ij}^{t+1} = 1 & rand < T(v_{ij}^t) \\ X_{ij}^{t+1} = 0 & rand > T(v_{ij}^t) \end{cases} \qquad (7-5)$$

式（7-3）~式（7-5）中，t 为迭代次数；c_1、c_2 为学习因子（也称加速因子）；r_1、r_2 为 $[0,1]$ 中满足均匀分布的随机数；$pbest_{ij}$、$gbest_{ij}$ 分别为粒子的个体历史最优解和种群探索到的当前最优解。

为了维持种群多样性一般采用混沌 Logistic 映射进行 BPSO 算法初始化工作，如式（7-6）所示。其中，n 表示迭代次数；μ 表示系统混沌参数，μ 越大，混沌程度越高，一般取值在 $[0,4]$，μ 为 4 时的混沌特征性优化搜索最具优越性（Hnida M.，2016）。如果变量 $X_{n+1} > 0.5$，则变量 X_{n+1} 等于 1，反之变量 X_{n+1} 为 0。

$$X_{n+1} = \mu X_n (1 - X_n)，X_0 = rand(0,1) \text{ 且 } X_n \neq 0.25, 0.5, 0.75 \qquad (7-6)$$

目前对于 BPSO 算法优化主要有两种不同的方法。第一种方法聚焦于设计新规则来更新 BPSO 的粒子速度和位置（Kennedy et al.，1997）；第二种方法聚焦于用新的传递函数代替 S 型映射函数，以便能更好地提高粒子探索和开发能力（Mirjalili，2013）。BPSO 算法优化过程中随着迭代次数增加，个体间差异会变小，种群多样性也会降低，且线性惯性权重难以符合真实的搜索过程，容易导致算法收敛过早而陷入局部最优，有研究者从增加种群多样性和动态调整惯性权重协同操作来优化粒子群算法（李浩君等，2018）。但映射函数对粒子探索能力影响较大，容易导致算法收敛速度过早，而且设计的新映射函数也应在探索与开发之间建立平衡，以避免陷入局部最优解。

2. 粒子群优化算法 TVSBPSO 基本思想

为了增强 BPSO 中粒子探索与开发能力，本章将映射函数动态调整作为粒子群算法优化核心，引入图 7 – 16 所示的时变性（time-varying）映射函数，提出基于时变状态的二进制粒子群优化算法 TVSBPSO。

TVSBPSO 优化算法先进行全面的探索以避免局部最优，但在最后的优化过程中应将探索转为开发，以寻找最优的结果。TVSBPSO 优化算法应用了式（7 – 7）和式（7 – 8）两个 S 型函数，将实际结果转换为二进制结果形式，探索从第一步到最后一步递减，而开发则逐步递增。

$$S(v_{ij}^{t+1}, \sigma) = \frac{1}{1 + e^{\sigma(-v_{ij}^{t+1})}} \qquad (7-7)$$

$$S'(v_{ij}^{t}, \sigma) = \frac{1}{1 + e^{\sigma(v_{ij}^{t+1})}} \qquad (7-8)$$

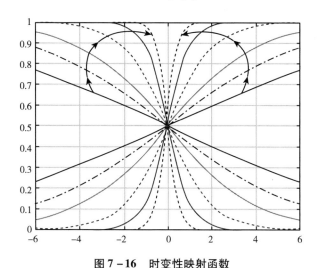

图 7 – 16　时变性映射函数

其中，σ 是随时间变化的变量，它是由初始化 σ_{max} 最大逐渐减小到 σ_{min}，以便从探索状态平滑切换到开发状态。σ 定义如式（7 – 9）所示：

$$\sigma = (\sigma_{max} - \sigma_{min})\left(\frac{iter}{\max iter}\right) + \sigma_{min} \qquad (7-9)$$

每个映射函数的下一个二进制位置先通过式（7 – 10）和式（7 – 11）计算 p_i 和 p_i'，然后将 p_i 和 p_i' 变量值输入式（7 – 12）完成贪婪计算，计算结果作为下一个二进制位置的最佳位置，其中 $f(x)$ 如式（7 – 13）所示。

$$p_i^{t+1} = \begin{cases} 1 \ if \ r_1 < S(v_{ij}^{t+1}, \sigma) \\ 0 \ if \ r_1 \geqslant S(v_{ij}^{t+1}, \sigma) \end{cases} \quad (7-10)$$

$$p_i'^{t+1} = \begin{cases} 1 \ if \ r_2 < S(v_{ij}^{t+1}, \sigma) \\ 0 \ if \ r_2 \geqslant S(v_{ij}^{t+1}, \sigma) \end{cases} \quad (7-11)$$

$$xb_i^{t+1} = \begin{cases} p_i^{t+1} \ if f(p_i^{t+1}) \ is \ better \ than f(p_i'^{t+1}) \\ p_i'^{t+1} \ if f(p_i'^{t+1}) \ is \ better \ than f(p_i^{t+1}) \end{cases} \quad (7-12)$$

$$f(x) = \sum_{i=1}^{D} x_i \quad (7-13)$$

3. 粒子群优化算法 TVSBPSO 基本步骤

粒子群优化算法 TVSBPSO 操作流程如图 7 – 17 所示。

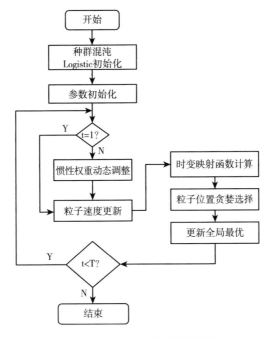

图 7 – 17　TVSBPSO 算法流程

算法执行步骤如下：

步骤一：种群初始化，知识服务要求知识单元 X_m 具有多样性，使用式（7-6）混沌 Logistic 映射完成算法初始化，为了使种群初始化过程保持多样性与遍历性，一般 μ 值设置为 4（李浩君等，2017）。

步骤二：种群参数设置，种群规模设置为 20，学习因子均设置为 2，迭代次数为 300，维度为 300，惯性权重最大值为 0.9，最小值为 0.4。

步骤三：惯性权重动态调整，根据式（7-14）来计算惯性权重值并判断其值是否在 ω 最大值和最小值之间，若大于最大值，则将最大值设为其值；若小于最小值，则将最小值设为其值。

$$\omega = a\left(1 - e^{-\frac{HD}{k}}\right)\left(\left(1 - \frac{t}{T}\right)(\omega_{max} - \omega_{min}) + \omega_{min}\right) \qquad (7-14)$$

其中，a 为平衡公式前半部分和后半部分协同变化的速率参数，HD 为海明距离，k 为用来调节海明均值对指数函数的调节能力；t 和 T 分别为当前迭代次数和最大迭代次数；ω_{max} 和 ω_{min} 分别为惯性权重的最大值和最小值。

步骤四：粒子速度更新，使用 BPSO 速度更新公式计算粒子的速度，如式（7-3）所示。

步骤五：粒子位置更新，利用式（7-7）、式（7-8）以及式（7-9）计算 σ 值，然后利用式（7-10）、式（7-11）以及式（7-12）计算下一个最佳位置。

步骤六：重复步骤三至步骤五，直到满足终止条件。

步骤七：满足终止条件（达到最大迭代次数），输出全局最优解并求出相应的目标函数值，算法至此终止。

7.5 移动智慧旅游服务应用实证研究

移动互联网快速发展为旅游领域知识服务应用带来了新机遇和新亮点，移动智慧旅游服务整合移动互联网、知识服务以及人工智能技术服务优势，通过情境感知技术和移动设备为游客提供便捷性的移动旅游服务，解决传统旅游领域知识服务信息资源获取方式单一、情境匹配度低以及需求满足率差等问题，不仅能提升旅游领域知识服务供给多样性和内容精准化，而且还能缓解游客不断增长的服务需求与景区有限的服务能力之间的矛盾，助推旅游领域知识服务网络化、智能化方向发展，提高游客旅游服务满意度。本节将情境感知视域下知识服务机制理论应用于旅游服务领域，设计移动智慧旅游服务系统框架，阐述移动智慧旅游服务功能实现过程，开展移动智慧旅游服务应用效果分析。

7.5.1　移动智慧旅游服务系统架构

移动智慧旅游服务是以游客个体需求为基础，通过情境感知以及推理技术获取游客及其相关情境信息，智能分析游客目前及其潜在活动行为，自适应调整服务过程以满足游客随机化、个性化以及垂直化需求的旅游领域知识服务新模式。借鉴叶莎莎（2015 年）设计的情境感知移动图书馆服务系统架构，参考情境化旅游知识服务设计相关研究成果（Chiang et al.，2015），结合本章图 7 - 11 情境感知视域下知识服务流程，本节设计了图 7 - 18 所示的情境感知视角下移动智慧旅游服务系统架构。

构建的移动智慧旅游服务系统由情境感知层、情境感知引擎层、存储层以及情境感知服务层组成。前面三层构成了完整的情境感知服务支撑功能，在整个服务系统中发挥着重要作用，首先获取和处理游客数据以及其他相关情境信息数据，然后完成本体模型填充并进行推理计算，通过智能计算优化知识服务，最后对智慧旅游服务进行调用。这三层构成的情境感知服务系统是服务层的核心支撑。系统情境感知服务层包含用户模型、情境模型以及旅游知识服务模型，各模型主要功能如下：

（1）用户模型：获取游客的基本信息、历史信息以及其他相关情境信息。通过对游客的基本信息（如年龄/性别/职业等）、个人档案（如行为偏好/兴趣爱好等）、知识需求（游玩目的/景点讲解等）等信息进行管理，构建相应的用户本体模型，从而为游客提供个性化信息服务、互动服务以及提醒/通知等服务。

（2）情境模型：主要根据游客所处环境情境（如时间/地点/天气等）、网络情境（移动设备电量/信号等）和用户情境（同伴状态/身体情况等）进行情境本体模型构建，从而为游客提供情境化的旅游知识服务。

（3）旅游知识服务模型：主要包含旅游领域各项知识单元，囊括与旅游相关的所有知识点，包含了不同类型的旅游景点信息、景点相关的人物历史信息以及各种数字资源等。通过旅游知识服务模型可以将整个旅游领

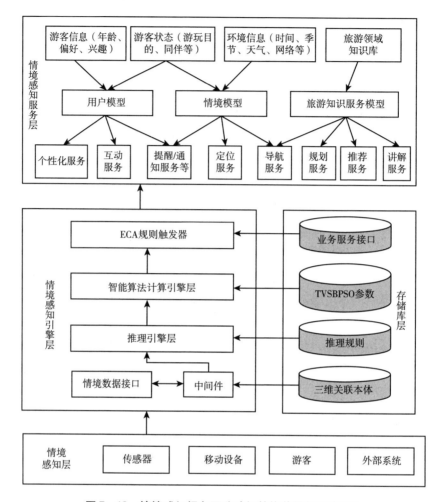

图 7-18 情境感知视角下移动智慧旅游服务系统架构

域知识进行有效协同应用，形成网状结构的知识库。该模型可以为游客提供方便快捷的旅游信息查询服务，还可以为游客推荐旅游景点以及旅游路线规划等多样化的智慧旅游知识服务。

移动智慧旅游服务目标是为游客提供情境性、及时性、动态性以及多样性的旅游知识服务，以满足游客个性化、互动化以及垂直化服务需求，在图 7-18 移动智慧旅游服务系统架构整体设计基础上，可以深入分析旅游领域知识服务实际需求，从游客情境、时间情境、位置情境以及互动情境等视角规划移动智慧旅游服务内容，具体如图 7-19 所示。

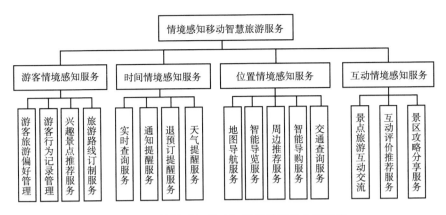

图7-19 情境感知移动智慧旅游服务内容规划

7.5.2 移动智慧旅游服务功能设计

1. 移动智慧旅游服务功能设计前期工作

鉴于景区景点类型以及地理空间分布状况对智慧旅游领域知识服务功能设计有一定影响（Liao et al.，2018），而且部分景点出入口开放时间、游玩时间等方面有特殊管理，这在一定程度上限制了游客对游玩线路以及游玩时间的自由选择，旅游规划制订难度也较大。例如，杭州西湖景区不仅面积大，而且包含景点数也较多，游玩时间和空间上也较为自由。为游客提供符合个体需求且满足所处情境下的旅游规划服务，有助于提升游客旅游服务满意度。本节以杭州市景区为领域知识内容，依据本章提出的情境感知视域下知识服务机制（CORIC）工作原理，开展移动智慧旅游服务功能实现前期工作。

为了构建三维关联本体，本书参考了国外 OnTour Ontology（2019）、MondecaTourism Ontolo（2019）、OTA Specification（2019）等旅游本体研究成果，并利用网络爬虫技术在携程网（https：//www.ctrip.com）以"杭州"为目的地标签搜集相关杭州景点信息和旅游知识，对爬取的游记内容进行文本分析，开展旅游领域知识的本体映射工作，完成三维关联本体的直接关联属性设计。更细致地描述旅游领域本体具体特征，使用多次迭代的方法，在领域专家指导下完成旅游领域三维关联本体构建工作。

假设旅游景区景点集合设为 $POI = \{POI_1, POI_2, \cdots, POI_N\}$，其中 N 是 POI 集合中景点数量，则该景区一日游知识服务可以建模为包含 POI 景点选择、排序以及时间分配的优化问题，构建用户本体、情境本体以及景点本体如图 7 – 20 所示。

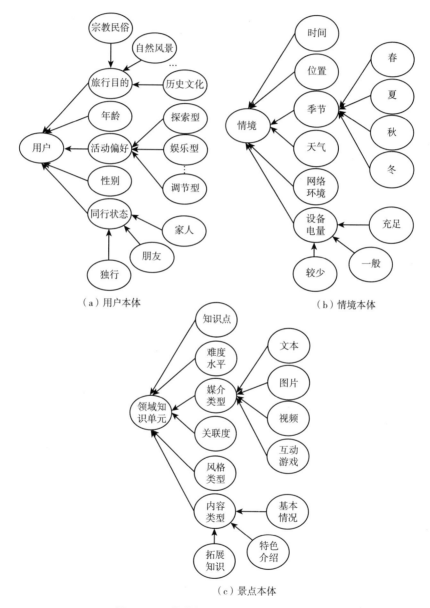

图 7 – 20　旅游领域三维关联本体构建

描述本体属性，建立本体语义关系，实现三维关联本体构建。将本体中不同概念通过属性实现关联连接，从而形成网状的语义结构。本体语义的属性定义包括 DataProperties 数据属性和 ObjectProperties 对象属性。ObjectProperties 用于建立个体与个体之间的联系，例如：$hasActivity = \{$景点；活动对象$\}$ 表示 hasActivity 对象属性，其定义域（domain）为"景点"，值域（range）为"景点提供的活动对象"，对象属性具体设置如图 7-21 所示；数据属性用于建立个体与属性值之间的联系，例如：$requireTime = \{$景点；$xsd:Int\}$ 表示 requireTime 数据属性，其中，景点是定义域；$xsd:Int$ 是值域，表示景点的建议游玩时间（姬鹏飞等，2015），数据属性具体设置如图 7-22 所示，构建完成的智慧旅游三维关联本体如图 7-23 所示。

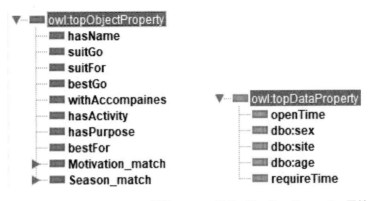

图 7-21　ObjectProperties 属性　　　图 7-22　DataProperties 属性

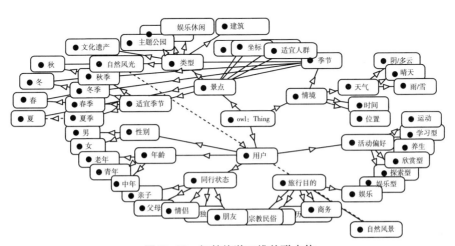

图 7-23　智慧旅游三维关联本体

其次，需要对构建完成的三维关联本体模型中各维度本体进行形式化描述。下面以用户本体为例说明形式化描述具体过程：

（1）定义用户 $U = \{U_1, U_2, \cdots, U_i\}$，$U_i$ 代表第 i 个用户，I 为用户总数量，$l \leqslant i \leqslant I$。

（2）年龄类：描述用户年龄段，$UA = \{UA_1, UA_2, UA_3\}$，$UA_1$ 表示青年，UA_2 表示中年，UA_3 表示老年。

（3）性别类：描述用户性别，$US = \{US_1, US_2\}$，US_1 表示男性，US_2 表示女性。

（4）同行类：描述用户同行状态，$UC = \{UC_1, UC_2, \cdots, UC_5\}$，$UC_m$ 代表用户同行状态。UC_1 到 UC_5 分别表示：亲子、父母、朋友、情侣和独行。

（5）旅行目的类：描述用户旅行目的 $UM = \{UM_1, UM_2, \cdots, UM_6\}$，$UM_o$ 代表用户旅行目的，UM_1 到 UM_6 分别表示：宗教民俗、自然风景、历史文化、探索、娱乐和商务。

（6）活动偏好类：描述用户活动偏好 $UA = \{UA_1, UA_2, \cdots, UA_6\}$，$UA_p$ 代表用户活动偏好。UA_1 到 UA_6 分别表示：探索型、学习型、娱乐型、欣赏型、运动型和调节型。

情境本体和景点本体形式化描述过程基本类似，限于篇幅限制，就不逐一展开。形式化描述后还需要通过网络爬虫收集信息以及在领域专家指导下完成景点本体实例填充，然后用规则语句进行本体和实例关系描述，结果如图 7-24 所示。

图 7-24　万松书院本体实例案例

最后，本体构建与实例填充工作完成后还需要使用 SWRL 语言编写推理规则，部分推理规则描述如下：

规则一：春季和秋季的晴天，对独行的用户且活动偏好为欣赏型，推荐自然风光景点。

hasWeather（？情境，？晴）∧ hasSeason（？情境，？春）∧ hasCmpaines（？用户，？独行）∧ hasActivity（？用户，？欣赏型）= > POI（？景点，？自然风光）。

hasWeather（？情境，？晴）∧ hasSeason（？情境，？秋）∧ hasCompaines（？用户，？独行）∧ hasActivity（？用户，？欣赏型）= > POI（？景点，？自然风光）。

规则二：用户对宗教民俗感兴趣。

hasPurpose（？用户，？宗教民俗）= > POI（？景点，？宗教场所）。

hasPurpose（？用户，？宗教民俗）= > POI（？景点，？文化遗产）。

规则三：当天是冬季的雨天，用户跟父母一起出游，时间刚下午 13：00，推荐用户游玩 18：00 闭馆的室内景点。

hasWeather（？情境，？雨/雪）∧ hasSeason（？情境，？冬）∧ hasCompaines（？用户，？父母）∧ hasTime（？情境，？13：00）= > POI（？景点，？室内）。

2. 移动智慧旅游服务功能界面设计

获取用户信息和情境信息是开展智慧旅游知识服务的基础，移动智慧旅游服务一方面是通过移动设备的感知功能来获取用户当前位置、时间、天气等情境数据，另一方收集用户填写的信息，包括用户同伴、旅行目的、偏好信息、年龄等。注册与登录是获取情境信息的重要途径，移动智慧旅游服务游客注册与登录界面如图 7 - 25 所示。

注册完成后，游客进入系统主页面图 7 - 26（a），主页包含了四个模块：个人中心、景点知识、路线服务和工具。每个模块下有相应的子功能。个人中心模块游客可以编辑其个人资料，查看自己的浏览记录或者曾经收藏的景点和游记。在旅游过程中，游客情境特征较容易发生改变，例如游客经旅游专家推荐，希望游玩其他类型的景点，利用个人信息设置页面调整自己的信息，修改个人特征信息，以让系统能够提供有针对性的服务，个人偏好设置中心如图 7 - 26（b）所示。

图 7 – 25　游客注册与登录界面

（a）主页　　　　　　　　　　（b）个人设置

图 7 – 26　主页的个人设置中心

景点知识服务模块通过对游客的特征分析，在景点推荐里可以看到最适合游客的景点。具体的景点介绍如图 7 – 27（a）所示。用户在景点知识服务模块也可以看到不同景点的人气值和其他用户撰写的景点评价，如图 7 – 27（b）所示。

（a）景点介绍　　　　　　　　　　（b）景点人气和景点评价

图 7 – 27　个性化旅游服务方案示例

路线规划模块包含为用户提供游玩路线规划和游玩过程电子导游等功能。系统接收游客以文本或语音形式输入的自然语言请求，利用自然语言处理算法分析转化用户输入的复杂需求，进而结合用户需求偏好、当前情境信息、景点属性信息以及线路最优化原则等提供旅游个性化知识服务。为游客提供符合其需求的个性化旅游服务方案，主要包含推荐游玩景点以及推荐游玩路线等。在游玩过程中，系统可以持续为游客提供更丰富的知识服务，通过电子导游为用户提供景点知识。

7.5.3　移动智慧旅游服务应用效果

为了检验本章设计的情境感知视域下知识服务机制（CORIC）在智慧

旅游领域服务中的应用效果，用户对该机制的服务质量评价是重要指标。从拟前往西湖景区一日游大学生中随机选取 50 名作为服务应用体验对象，移动智慧旅游服务系统根据其个人特点和要求，结合服务对象所处情境为其动态提供旅游服务内容，包括推荐一日游规划路线、景点导航、景点介绍以及其他与当前情境匹配的推送服务内容等。每位体验者在结束游玩之后需对服务质量进行评价，评价结果如表 7 - 3 所示。

表 7 - 3　　　　　　　　　移动智慧旅游服务质量评价

选项	频次（人次）	比例（%）
非常满意	12	24
比较满意	24	48
一般	10	20
比较不满意	3	6
非常不满意	1	2

表 7 - 3 表明，参与移动智慧旅游服务体验的 50 名游客中有 24% 的人感觉非常满意，48% 的游客觉得比较满意，这两者比例之和超过了 70%，而不满意的游客比例较低。这说明基于 CORIC 机制的智慧旅游应用能较好地满足游客实际需求，能为游客个体提供个性化知识服务，说明该应用服务提供的服务内容更加贴合用户真实情境。

为了更加深入地研究 CORIC 机制在移动智慧旅游领域中提供的差异化服务，选择参加体验服务的游客 A 和游客 B，分析系统为这两名游客提供的游玩路线规划以及可视化操作页面。

图 7 - 28 是在系统端为游客规划旅游路线的可视化结果，其中 X 轴和 Y 轴代表景区的地理范围，Z 轴为游客对景点的知识迷航值，值越低则说明该景点适合游客去游玩，反之值越高则越不适合游客去游玩。图中的黑点是为游客推荐的景点，连线则是为游客规划的游玩路线。

从图 7 - 28 的（a）和（b）中不同的知识迷航值与游玩线路可以看出，系统能够根据游客特征以及相关情境特征计算出景点的知识迷航值，找出适合当前游客游玩的景点，并且为游客规划知识迷航值最小的游玩路线。

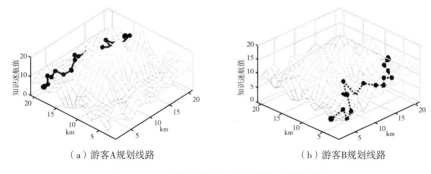

（a）游客A规划线路　　　　　　　　　　（b）游客B规划线路

图7－28　系统端游客规划路线可视化结果

用户端显示规划的游玩路线地理时空图如图7－29所示，图中黑点是游客兴趣点（POI），包括购物区域、餐饮、休息区、景点等，菱形表示收费的游玩项目，五角星形表示一日游中推荐的用餐点。连线则是为游客规划的游玩路线。游客 A 路线为黑色直线，游客 B 路线为黑色虚线。

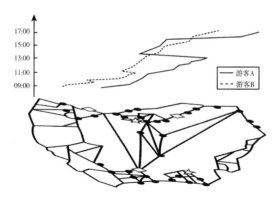

图7－29　游客游玩路线地理时空

对用户端显示的游玩时空地理图深入分析可知，游客 A 和游客 B 在系统引导下进行游玩，他们不同时间游玩了不同的景点，且游玩路线不一样，说明了 CORIC 支持下的系统能够较好地理解游客实际需求，能为他们量身定制游玩路线，情境化的服务内容能较好地满足用户个性化服务期望。

移动设备性能提升和互联网应用深入，移动互联网信息资源容易使得用户发生知识迷航，而 CORIC 机制从知识服务用户需求与服务情境因素协同考虑，将语义网本体技术和智能算法技术相结合，将情境因素融入知识服务过程的各个环节，移动智慧旅游服务案例充分说明利用 CORIC 机制能为游客提供个性化旅游服务内容，不仅有助于促进智慧旅游服务发展，而且也为其他知识服务领域应用提供借鉴。

本章小结

本章通过对情境感知视域下知识服务工作流程的分析，设计了由感知层、分析层、交互层组成的情境感知视域下知识服务框架，分析了多源异构数据语义融合工作机理与智能计算应用策略，构建了情境感知视域下知识服务模型与目标函数，初步形成了情境感知视域下知识服务机制研究理论体系，通过移动智慧旅游服务应用案例的实证研究，验证机制实际应用过程中内容个性化与服务情境化目标实现的可行性和合理性。本章研究工作不仅丰富了知识服务机制研究内涵，提升了知识服务整体研究水平，在人工智能时代具有广阔的应用前景，而且也为后续智能知识服务机制研究提供了理论支持与新视野。

参考文献

[1] 艾丹祥, 张玉峰, 刘高勇, 等. 面向移动商务餐饮推荐的情境语义建模与规则推理 [J]. 情报理论与实践, 2016, 39 (2): 82-88.

[2] 宝腾飞. 面向移动用户数据的情境识别与挖掘 [D]. 合肥: 中国科学技术大学, 2013.

[3] 曹茹烨. 新媒体环境下科研团队信息共享的影响因素及模式研究 [D]. 长春: 吉林大学, 2017.

[4] 曹业华. 基于情境感知的融合式学习模式研究 [D]. 大连: 辽宁师范大学, 2015.

[5] 曾家延. 活动理论视角下学生使用教科书研究 [D]. 上海: 华东师范大学, 2016.

[6] 曾子明, 陈贝贝. 移动环境下基于情境感知的个性化阅读推荐研究 [J]. 情报理论与实践, 2015, 38 (12): 31-36.

[7] 陈红勤, 曹小莉. 图书馆网络知识社区的知识传播机制 [J]. 图书馆学研究, 2011 (1): 10-13

[8] 陈红叶. 基于语义网的知识服务系统研究与应用 [J]. 安徽农业科学, 2010, 38 (30): 17222-17224.

[9] 陈莲莲. 手持移动设备中基于情境的增值服务设计 [D]. 杭州: 浙江大学, 2011.

[10] 陈美灵. 移动环境下基于情境感知的推荐系统研究 [D]. 杭州: 杭州电子科技大学, 2017.

[11] 陈氢, 冯进杰. 多维情境融合的移动情境感知服务系统构建研究 [J]. 情报理论与实践, 2018, 41 (8): 115-119.

[12] 陈天娇, 胥正川, 黄丽华. 情景感知服务的用户接受模型研究 [J]. 科技进步与对策, 2007 (2): 142-147.

[13] 陈星, 黄志明, 叶心舒, 等. 智能家居情境感知服务的运行时建模与执行方法 [J]. 软件学报, 2019, 30 (11): 3297-3312.

［14］陈远方．智慧图书馆知识服务延伸情境建构研究［D］．长春：吉林大学，2018．

［15］程时伟，刘肖健，孙守迁．情境感知驱动的移动设备自适应用户界面模型［J］．中国图象图形学报，2010，15（7）：993–1000．

［16］程志，龚朝花．活动理论观照下的微型移动学习活动的设计［J］．中国电化教育，2011（4）：21–26．

［17］崔伟．移动阅读用户知识共享影响因素及效果评价研究［D］．长春：吉林大学，2018．

［18］戴维·H．乔纳森．学习环境的理论基础［M］．郑太年，任友群，译．上海：华东师范大学出版社，2002．

［19］丁柏铨．媒介融合：概念、动因及利弊［J］．南京社会科学，2011（11）：92–99．

［20］丁彩云．基于情境感知的移动图书馆电子资源个性化推荐研究［J］．河南图书馆学刊，2018，38（11）：86–88．

［21］丁梦晓，毕强，许鹏程，等．基于用户兴趣度量的知识发现服务精准推荐［J］．图书情报工作，2019，63（3）：21–29．

［22］董杰．思想政治教育情境的概念界定与内涵分析［J］．学校党建与思想教育，2018，（35）：17–20．

［23］窦文阳，王小明，张立臣．主动模糊访问控制规则集终止性分析［J］．计算机科学与探索，2013，7（3）：193–208．

［24］房小可，叶莎莎，严承希．融合情境语义的虚拟学术社区知识推荐模型研究［J］．情报理论与实践，2019，42（9）：154–159．

［25］房小可．融合情境因素的多维社会化信息推荐模型研究［D］．武汉：武汉大学，2015．

［26］冯勇，徐红艳，赵森．一种面向知识型组织的岗位知识推送系统构建框架［J］．辽宁大学学报（自然科学版），2006（3）：269–272．

［27］盖晓良，刘娟．研究生学术信息查寻行为模型与实证研究［J］．图书情报工作，2015，59（8）：15–24．

［28］高芙蓉．信息技术接受模型研究的新进展［J］．情报杂志，2010，29（6）：170–176．

［29］高洁．基于活动理论的网络学习活动设计［D］．北京：首都师范大学，2012．

［30］葛嘉佳．网络个性化信息服务综述［J］．计算机时代，2004，（5）：11–12．

［31］龚立群，朱庆华，方洁．虚拟团队知识共享行为影响因素实证研究［J］．图

书情报工作，2012，56（16）：48 – 54.

［32］谷传华，张文新. 情境的心理学内涵探微［J］. 山东师范大学学报（人文社会科学版），2003，（5）：99 – 102.

［33］顾君忠. 情景感知计算［J］. 华东师范大学学报（自然科学版），2009（5）：1 – 20.

［34］郭海英，钟廷修. 用事件 – 条件 – 动作规则表示模糊知识的方法［J］. 上海交通大学学报，2003（5）：758 – 761.

［35］郭亮，温有奎. 基于 protégé 的知识地图实现［J］. 情报杂志，2009，28（2）：40 – 43.

［36］郭全中. 传统媒体转型的思路研究［J］. 西部学刊（新闻与传播），2016（8）：6 – 9.

［37］郭顺利，李秀霞. 基于情境感知的移动图书馆用户信息需求模型构建［J］. 情报理论与实践，2014（8）：64 – 68.

［38］郭顺利. 基于情境感知的移动图书馆用户模型研究［D］. 曲阜：曲阜师范大学，2015.

［39］郭斯檀，潘广贞，赵利辉，等. 基于模糊本体和遗传算法的推荐系统［J］. 计算机工程与设计，2019，40（3）：834 – 838.

［40］郭亚军，刚榕隈，黄圣洁. 大数据环境下数字出版知识服务主要模式研究［J］. 现代情报，2018，38（11）：3 – 8.

［41］郭宇. 基于信息生态视角的新媒体环境下企业知识共享研究［D］. 长春：吉林大学，2016.

［42］哈罗德·拉斯韦尔. 社会传播的结构与功能［M］. 北京：中国传媒大学出版社，2013.

［43］韩婕，向阳. 本体构建研究综述［J］. 计算机应用与软件，2007（9）：21 – 23.

［44］韩秋影. 基于情境感知的个性化推荐模型及其应用研究［D］. 上海：上海工程技术大学，2016.

［45］韩秀婷. 基于情境感知的服务推荐方法研究［D］. 长沙：湖南大学，2018.

［46］韩学仁，王青山，郭勇，等. 基于 PSO-BP 算法的地理本体概念语义相似度度量［J］. 计算机工程与应用，2017，53（8）：32 – 37.

［47］韩业江，董颖，方敏，等. 基于情境感知技术的智慧图书馆服务策略研究［J］. 情报科学，2019，37（8）：87 – 91.

［48］郝金星. 网络环境下的信息交流模式初探［J］. 情报科学，2003（1）：57 – 59.

［49］何东花，鲁若愚. 产学研协同创新过程中的知识分享模式研究［J］. 科技和

产业，2016，16（6）：71 - 75.

[50] 洪闯，李贺，祝琳琳，等．活动理论视角下社会化问答平台用户知识协同模型与关键影响因素研究——基于模糊 DANP 方法 [J]．情报理论与实践，2019，42（11）：100 - 106.

[51] 洪烨，康明娟，李仁杰，等．旅游地理本体模型设计与张家界实例研究 [J]．地理与地理信息科学，2016，32（3）：95 - 99.

[52] 侯力铁．基于情景感知的移动图书馆个性化推荐服务研究 [D]．长春：吉林大学，2019.

[53] 胡海明，祝智庭．个人学习环境的概念框架：活动理论取向 [J]．开放教育研究，2014，20（4）：84 - 91.

[54] 胡龙．基于智能手机的用户行为识别技术研究与应用 [D]．成都：电子科技大学，2015.

[55] 胡青．社会化问答网站的知识传播研究 [D]．沈阳：辽宁大学，2015.

[56] 胡术杰．基于语义的老年智慧健康服务主动规则研究 [D]．海口：海南大学，2017.

[57] 胡媛，刁首琪，朱益平，张发亮．基于知识聚合的数字图书馆社区服务推送系统设计与实现 [J]．情报科学，2017，35（11）：72 - 77.

[58] 黄园．情境感知的移动个人知识管理系统的研究与开发 [D]．杭州：浙江理工大学，2013.

[59] 霍艳花．信息生态视角下微信用户信息共享行为影响因素研究 [D]．保定：河北大学，2017.

[60] 姬鹏飞，李远刚，卢盛祺，等．基于语义 Web 的旅游路线个性化定制系统 [J]．计算机工程，2016，42（10）：308 - 317.

[61] 姜跃平，汪卫，施伯乐，董继润．ECA 规则的模型和行为特定理论 [J]．软件学报，1997（3）：31 - 37.

[62] 蒋祥杰．基于用户情境本体的个性化知识服务研究 [D]．武汉：武汉理工大学，2010.

[63] 焦念莱．基于情境感知和社交网络的推荐算法研究 [D]．武汉：华中师范大学，2019.

[64] 金保华，林青，付中举，等．基于 SWRL 的应急案例库的知识表示及推理方法研究 [J]．科学技术与工程，2012，12（33）：9049 - 9055.

[65] 金辉，杨忠，黄彦婷，等．组织激励、组织文化对知识共享的作用机理——基于修订的社会影响理论 [J]．科学学研究，2013，31（11）：1697 - 1707.

[66] 金文恺．新媒体情境下知识分享与认同建构——基于社会化问答社区"知

乎"分析［J］.传媒与教育，2016，（2）：113－118.

［67］靳红，程宏.图书馆知识服务研究综述［J］.情报杂志，2004，23（8）：8－10.

［68］荆心，李世豪.情境计算中间件及其在校园节能中的应用［J］.计算机工程与设计，2019，40（6）：1734－1740.

［69］康赵楠.基于本体建模和情境感知的音乐推荐方法研究［D］.宁波：宁波大学，2017.

［70］匡文波.论网络传播学［J］.国际新闻界，2001（2）：46－51.

［71］黎艳.信息服务向知识服务转变的探析［J］.图书情报工作，2003（2）：31－34.

［72］李晨阳.基于活动理论框架的学习活动设计研究［D］.福州：福建师范大学，2017.

［73］李枫林，曹天天.基于本体的情景建模评价研究［J］.图书馆学研究，2016（14）：89－93.

［74］李贯峰，李卫军.基于SWRL的枸杞病虫害本体知识推理研究［J］.江苏农业科学，2016，44（11）：399－402.

［75］李桂华，张晓林，党跃武.知识服务之运营方式探索［J］.图书馆，2001，（1）：18－22.

［76］李浩君，聂新邦，杨琳，等.三维本体关联模型下的在线学习路径优化方法［J］.小型微型计算机系统，2019，40（11）：2274－2280.

［77］李浩君，王文靖，戴海容.创新扩散视域下高职院校教师信息化教学实施影响因素分析［J］.职业技术教育，2019，40（34）：26－32.

［78］李浩君，杨琳，张鹏威.基于多目标优化策略的在线学习资源推荐方法［J］.模式识别与人工智能，2019，32（4）：306－316.

［79］李浩君，张芳.活动理论视角下移动设备情境感知信息推荐服务研究——基于情境本体建模与规则推理［J］.情报杂志，2018，37（3）：187－192.

［80］李浩君，张广，王万良，等.基于多维特征差异的个性化学习资源推荐方法［J］.系统工程理论与实践，2017，37（11）：2995－3005.

［81］李浩君，张征，张鹏威.基于阶段衍变双向自均衡的个性化学习资源推荐方法［J］.模式识别与人工智能，2018，31（10）：921－932.

［82］李荟.基于情景的主动知识服务技术研究及应用［D］.南京：南京航空航天大学，2014.

［83］李家清.知识服务的特征及模式研究［J］.情报资料工作，2004（2）：16－18.

［84］李建军，侯跃，杨玉．基于情景感知的用户兴趣推荐模型［J］．计算机科学，2019，46（1）：502－506.

［85］李剑峰，肖明清，唐希浪，等．基于 OWL 本体和 SWRL 规则的导弹智能故障诊断研究［J］．计算机测量与控制，2018，26（7）：93－98.

［86］李金海，马云蕾，孙玲芳，等．基于语义一致性的多层本体元模型构建方法研究［J］．情报学报，2017，36（5）：494－502.

［87］李京雄．情境教学的策略研究［J］．教育探索，2005（5）：69－70.

［88］李静云．基于用户情境感知的移动图书馆知识推荐系统设计［J］．图书馆理论与实践，2013，（6）：19－21.

［89］李昆．新媒体环境下图书馆学科服务团队知识共享研究［D］．长春：吉林大学，2016.

［90］李镭．室内移动办公环境下情境感知在手机中的应用研究与设计［D］．长沙：湖南大学，2011.

［91］李敏，顾铭斯．基于用户情境类聚合的移动信息个性化服务研究［J］．图书馆学研究，2015（5）：65－68.

［92］李明，朱邦贤，周强．基于 protégé 的中医证候本体构建方法研究［J］．数理医药学杂志，2015，28（6）：807－809.

［93］李宁．人工智能助力场景化知识服务［J］．中国报业，2019（21）：52－53.

［94］李书宁．用户情境敏感数字信息服务的概念模型［J］．图书情报工作，2011，55（7）45－49.

［95］李甦，皮赛奇，田玲芳．基于活动理论的成人移动学习设计研究［J］．成人教育，2018，38（8）：1－4.

［96］李香茹．基于智能移动终端的知识传播模式研究［D］．哈尔滨：黑龙江大学，2015.

［97］李想．主动数据库中的实时 ECA 规则推理算法［C］．北京：中国计算机学会数据库专业委员会（CCFDBTC），2010：260－268.

［98］李晓鹏，颜端武，陈祖香．国内外知识服务研究现状、趋势与主要学术观点［J］．图书情报工作，2010，54（6）：107－111.

［99］李永明，郑德俊，周海晨．用户知识贡献的心理动机识别［J］．情报理论与实践，2018，41（12）：126－132.

［100］李昭，赵一，梁鹏，等．基于 SWRL 与 Protégé 4.3 的业务模型互操作能力度量规则［J］．武汉大学学报（理学版），2015，61（4）：339－346.

［101］梁钦沛．基于移动终端的群智感知中情境识别方法的研究与实现［D］．广州：华南理工大学．

［102］梁双双．新媒体环境下知识传播模式分析——以得到 App 为例［J］．视听，2019（6）：167 – 169．

［103］廖盼，孙雨生．基于人工智能的知识服务系统模型研究［J］．湖北工业大学学报，2017，32（6）：47 – 51．

［104］林琳，白新文．基于计划行为理论的大学生学业拖延行为研究［J］．中国临床心理学杂志，2017，22（5）：855 – 859．

［105］刘陈，景兴红，董钢，2011．浅谈物联网的技术特点及其广泛应用［J］．科学咨询（科技·管理），2013（9）：86．

［106］刘成．LBS 定位技术研究与发展现状［J］．导航定位学报，2013（1）：78 – 83．

［107］刘海鸥．面向云计算的大数据知识服务情景化推荐［J］．图书馆建设，2014（7）：31 – 35．

［108］刘家红，吴泉源．一个基于事件驱动的面向服务计算平台［J］．计算机学报，2008（4）：588 – 599．

［109］刘咪．活动理论下小学数学课堂教学活动设计研究［D］．上海：上海师范大学，2017．

［110］刘暖玉，乜勇．基于活动理论的混合型网络课程设计研究——以《现代教育技术》MOOC 为例［J］．中国教育信息化，2017（12）：53 – 56．

［111］刘庭煜，汪惠芬，贾可存，等．基于多维情境本体匹配的产品开发过程业务产物智能推荐技术［J］．计算机集成制造系统，2016，22（12）：2727 – 2750．

［112］刘伟静．组态视角下组织情境对工程项目成员知识共享行为的影响研究［D］．天津：天津理工大学，2019．

［113］刘小锋，罗平，张军华，等．情境知识管理决策研究——市场预测 & 图书馆［M］．北京：经济管理出版社，2013．

［114］刘晓伶．基于 ECA 规则的情境感知系统建模方法研究［D］．大连：大连理工大学，2013．

［115］刘豫徽，周良．基于 Agent 的主动式知识服务系统［J］．中国制造业信息化，2008，（19）：16 – 19．

［116］柳叶青．活动理论视角下教材评价标准构建研究［D］．上海：华东师范大学，2017．

［117］娄策群，毕达宇，张苗苗．网络信息生态链运行机制研究：动态平衡机制［J］．情报科学，2014，32（1）：8 – 29．

［118］卢涛，刘晓伶．普适服务冲突检测方法研究［J］．哈尔滨工程大学学报，2013，34（11）：1402 – 1408．

［119］卢谢峰，韩立敏．中介变量、调节变量与协变量——概念、统计检验及其

比较 [J]. 心理科学，2007，30（4）：934 - 936.

［120］陆德梅. 知识型员工默会知识的影响因素研究 [D]. 上海：复旦大学，2014.

［121］路琳. 现代信息技术对组织中知识共享的影响研究 [J]. 生产力研究，2007，1（5）：52 - 54.

［122］罗彩冬，靳红，杨咏梅，曹丽娜. 高校图书馆开展知识服务的运营思路和方式之探讨 [J]. 情报杂志，2004（11）：86 - 88.

［123］罗国前，刘志勇，张琳，等. 移动环境下基于情境感知的个性化影视推荐算法研究 [J/OL]. https：//doi. org/10. 19734/j. issn. 1001 - 3695. 2018. 11. 0814/ ［2020 - 02 - 13］.

［124］罗艳，陶之祥. 社交网络情景的国内外研究综述 [J]. 情报杂志，2019，38（8）：179 - 187.

［125］马国振，候继仓. 知识服务模式研究综述 [J]. 图书馆学刊，2012，34（3）：140 - 142.

［126］马苗苗，陈春辉. 基于 Protégé 的交通地理本体构建方法 [J]. 北京测绘，2019，33（12）：1566 - 1570.

［127］马双. 活动理论框架下的网络协作学习活动的设计研究 [D]. 大连：辽宁师范大学，2008.

［128］马天舒. 基于用户情境的数字图书馆个性化智能知识服务研究 [J]. 图书馆界，2019，（1）：1 - 3.

［129］马卓. 数字图书馆微服务情境交互功能评估研究 [D]. 长春：吉林大学，2017.

［130］孟庆兰. 网络信息传播模式研究 [J]. 图书馆学刊，2008（1）：133 - 137.

［131］米俊魁. 情境教学法理论探讨 [J]. 教育研究与实验，1990（3）：24 - 28.

［132］莫同，李伟平，吴中海，等. 一种情境感知服务系统框架 [J]. 计算机学报，2010，33（11）：2084 - 2092.

［133］倪延年. 知识传播学 [M]. 南京：南京师范大学出版社，1999.

［134］倪志伟，吴昊，尹道明，等. 云和声搜索算法及其在知识服务组合中的应用 [J]. 计算机应用研究，2013，30（3）：806 - 809.

［135］聂尔豪，于重重，苏维均等. Wi-Fi 实时定位算法研究 [J]. 计算机应用研究，2014，31（7）：2164 - 2167.

［136］聂应高. 基于情景感知融合的图书馆微服务框架构建 [J]. 图书馆学研究，2018（20）：14 - 19.

［137］牛根义. 基于情景感知的移动图书馆用户需求与服务 [J]. 江苏科技信息，

2019，36（17）：17-21.

[138] 潘懋. 基于本体的地质领域知识服务系统研究［C］. 北京：第十三届全国数学地质与地学信息学术研讨会，2014：119-124.

[139] 潘旭伟，李泽彪，祝锡永，等. 自适应个性化信息服务：基于情境感知和本体的方法［J］. 中国图书馆学报，2009，35（6）：41-48.

[140] 潘旭伟. 集成情境知识管理中几个关键技术的研究［D］. 杭州：浙江大学，2005.

[141] 邱贻馨. 从共享到付费——互联网时代知识传播的生产与消费［D］. 武汉：武汉大学，2019.

[142] 冉金亭. 移动知识服务的情境影响因素研究［D］. 杭州：浙江工业大学，2018.

[143] 邵培仁. 传播学［M］. 北京：高等教育出版社，2007.

[144] 邵培仁. 传播学导论［M］. 杭州：杭州大学出版社，1997.

[145] 申云凤. 基于多重智能算法的个性化学习路径推荐模型［J］. 中国电化教育，2019（11）：66-72.

[146] 沈旺，马一鸣，李贺. 基于情境感知的用户推荐系统研究综述［J］. 图书情报工作，2015，59（21）：128-138.

[147] 沈艺. 信息推送技术及其应用［J］. 计算机系统应用，1999（5）：26-27.

[148] 盛秋艳，印桂生. 基于Jena的动态语义检索方法［J］. 计算机工程，2009，35（16）：62-64.

[149] 石庆生. 传播学原理［M］. 合肥：安徽大学出版社，2004.

[150] 石艳. 教师知识共享过程中的信任与社会互动［J］. 教育研究，2016，37（8）：107-116.

[151] 石宇，胡昌平，时颖惠. 个性化推荐中基于认知的用户兴趣建模研究［J］. 情报科学，2019，37（6）：37-41.

[152] 时念云，李秋月. 基于情境感知的个性化推荐算法［J］. 计算机系统应用，2017，26（9）：135-139.

[153] 史海燕，韩秀静. 情境感知推荐系统研究进展［J］. 情报科学，2018，36（7）：163-169.

[154] 史亚光，袁毅. 基于社交网络的信息传播模式探微［J］. 图书馆论坛，2009，29（6）：220-223.

[155] 苏敬勤，张琳琳. 情境内涵、分类与情境化研究现状［J］. 管理学报，2016，13（4）：491-497.

[156] 孙丽. 基于本体的数字图书馆知识服务模式研究［D］. 长春：吉林大

学，2013.

[157] 孙晓宁，赵宇翔，朱庆华．社会化搜索行为的结构与过程研究：基于活动理论的视角［J］．中国图书馆学报，2018，44（2）：27－45．

[158] 覃梦秋．基于情境感知的移动终端用户消费行为预测研究［D］．重庆：重庆大学，2015．

[159] 唐东平，吴邵宇．基于情境感知的餐饮 O2O 推荐系统研究［J］．计算机技术与发展，2020，30（1）：118－123．

[160] 唐晓波，李新星．基于人工智能的知识服务研究［J］．图书馆学研究，2017（13）：26－31．

[161] 唐旭丽，张斌，傅维刚．情境本体驱动的多源知识融合框架［J］．图书情报工作，2018，62（22）：109－117．

[162] 田红梅．试论图书馆从信息服务走向知识服务［J］．情报理论与实践，2003（4）：312－314．

[163] 田雪筠．基于情境感知的移动电子资源推荐技术研究［J］．情报理论与实践，2015，38（5）：86－89．

[164] 万力勇，黄焕，范福兰．活动理论视域下高校创客空间的结构要素、演化规律与运行机制［J］．高等教育研究，2019，40（12）：81－89．

[165] 王冬青，殷红岩．基于知识图谱的个性化习题推荐系统设计研究［J］．中国教育信息化，2019（17）：81－86．

[166] 王法硕，王翔．大数据时代公共服务智慧化供给研究［J］．情报杂志，2016，35（8）：179－184．

[167] 王芳，郭丽杰．基于情境模型的手机图书馆个性化服务研究［J］．图书馆学研究，2011（7）：93－96．

[168] 王峰，屈俊峰，赵永标，等．基于情境要素和用户偏好的旅行方式推荐［J］．应用科学学报，2019，37（3）：407－418．

[169] 王福．移动图书馆场景化信息接受适配研究［D］．长春：吉林大学，2018．

[170] 王光新．脱机手写体汉字智能识别模型与相似样本识别研究［D］．合肥：合肥工业大学，2017．

[171] 王昊奋，漆桂林，陈华钧．知识图谱方法、实践与应用［M］．北京：电子工业出版社，2019：150－172．

[172] 王进．基于本体的语义信息检索研究［D］．合肥：中国科学技术大学，2006．

[173] 王军锋，余隋怀，IMREHorvath，等．智能环境基于用户交互模态的情境感知服务［J］．计算机工程与应用，2015，51（19）：1－7．

[174] 王克勤，梁孟孟，李靖，等. 面向知识推送的设计情境建模及推理 [J]. 机械科学与技术，2019，38（11）：1654－1662.

[175] 王珊珊，肖明. 基于本体的引文知识服务系统构建研究 [J]. 情报理论与实践，2017，40（11）：125－129.

[176] 王士凯，王力，江萍，等. 基于情境的知识推送技术研究 [J]. 计算机技术与发展，2013，23（2）：131－134.

[177] 王顺箐. 智慧时代图书馆知识传播的中心重构 [J]. 图书馆研究与工作，2018（4）：12－16.

[178] 王铁君，王维兰. 基于 Jena 的唐卡领域本体推理 [J]. 吉林大学学报（工学版），2016，46（6）：2059－2066.

[179] 王晰巍，曹茹烨，杨梦晴. 微信用户信息共享行为影响因素模型及实证研究——基于信息生态视角的分析 [J]. 图书情报工作，2016，7（15）：6－13.

[180] 王小明. 面向普适计算的区间值模糊访问控制 [J]. 计算机科学与探索，2010，4（10）：865－880.

[181] 王欣，吴月新，孟晓娇，等. 基于情境感知的高校图书馆个性化知识推送模式研究 [J]. 管理观察，2019（36）：127－128.

[182] 王欣，张冬梅. 基于科研用户兴趣模型的知识推送服务模式研究 [J]. 图书情报工作，2017，61（7）：50－56.

[183] 王莹. 面向智能移动终端的交通标志识别技术研究 [D]. 武汉：武汉理工大学，2015.

[184] 王志华，樊红，杜武. 基于 SWRL 规则推理的空间信息服务组合 [J]. 武汉大学学报（工学版），2012，45（4）：523－528.

[185] 王忠义，张鹤铭，黄京，等. 基于社会网络分析的网络问答社区知识传播研究 [J]. 数据分析与知识发现，2018，2（11）：80－94.

[186] 吴凡，刘树春. 基于情境感知的智慧图书馆近场服务模式研究 [J]. 图书馆学刊，2019，41（12）：94－98.

[187] 吴菲，王欣. 移动学习领域基于机会感知的情境识别系统设计方法 [J]. 枣庄学院学报，2016，33（2）：109－111.

[188] 吴海金，陈俊. 融合分类与协同过滤的情境感知音乐推荐算法 [J]. 福州大学学报（自然科学版），2019，47（4）：467－471.

[189] 吴红. 农业信息生态系统构建研究 [J]. 图书馆学研究，2010，4（10）：2－5.

[190] 吴洪平. 浅析生活情境在小学数学教学中的运用 [C]. 贵阳：中国智慧工程研究会智能学习与创新研究工作委员会，2019：423－425.

[191] 吴金红，陈强，鞠秀芳．泛在信息环境下情境敏感的自适应个性化信息服务研究 [J]．情报探索，2013，(3)：1-4．

[192] 吴明隆．结构方程模型——AMOS 的操作与应用 [M]．重庆：重庆大学出版社，2007．

[193] 武法提，黄石华，殷宝媛．场景化：学习服务设计的新思路 [J]．电化教育研究，2018，39 (12)：63-69．

[194] 夏立新，段菲菲，翟姗姗．基于本体的 JESS 推理实证研究 [J]．情报科学，2017，35 (5)：106-110．

[195] 项国雄，赖晓云．活动理论及其对学习环境设计的影响 [J]．电化教育研究，2005 (6)：9-14．

[196] 项阳．移动环境下的情境感知研究 [D]．成都：电子科技大学，2017．

[197] 肖亮，琚春华．支持配送任务协同管理的情境知识服务模型及机制 [J]．管理世界，2010，(12)：174-175．

[198] 谢斌．基于情境感知的移动图书馆场景化资源推荐服务研究 [J]．图书馆学刊，2018，40 (8)：116-119．

[199] 谢新州，周锡生．网络传播理论与实践 [M]．北京：北京大学出版社，2004．

[200] 谢新洲．新媒体将带来六大变革 [J]．唯实（现代管理），2015 (8)：57-58．

[201] 徐道宣，刘显铭．知识管理促进科技型中小企业知识共享 [J]．湖北师范学院学报（哲学社会科学版），2007，(2)：111-113．

[202] 徐进．基于人工智能技术的图书馆情境感知推荐服务研究 [J]．图书馆学刊，2018，40 (8)：112-115．

[203] 徐坤．基于本体的科学数据监护平台研究 [D]．长春：吉林大学，2014．

[204] 徐修德，李静霞．移动智能终端对知识共享的影响——以知识传播平台为例 [J]．青年记者，2018，(35)：84-85．

[205] 许楠．基于本体的上下文感知计算关键技术研究 [D]．大连：大连海事大学，2015．

[206] 许应楠．面向知识推荐服务的消费者在线购物决策研究 [D]．南京：南京理工大学，2012．

[207] 薛醒思．基于进化算法的本体匹配问题研究 [D]．西安：西安电子科技大学，2014．

[208] 薛醒思．通过混合多目标优化算法优化本体映射结果 [J]．小型微型计算机系统，2015，36 (3)：556-560．

[209] 郐楠. 以读者需求驱动图书馆信息服务改革与创新 [J]. 农业图书情报, 2019, 31 (10): 62-68.

[210] 闫东. 基于本体的石油地质领域知识服务系统研究 [J]. 软件, 2017, 38 (11): 101-106.

[211] 闫红灿. 本体建模与语义 web 知识发现 [M]. 北京: 清华大学出版社, 2015.

[212] 阳毅, 游达明. 组织情境中个体知识行为的领导驱动机制研究 [J]. 中国软科学, 2013, (6): 119-126.

[213] 杨金庆, 程秀峰, 周玮珽. 基于情境感知的资源推荐研究综述与实践进展 [J]. 现代情报, 2020, 40 (2): 153-159.

[214] 杨晶. 用户兴趣模型及实时个性化推荐算法研究 [D]. 南京: 南京邮电大学, 2013.

[215] 杨涛, 王云莉, 肖田元, 张林鹍. 个性化主动设计知识服务系统研究 [J]. 计算机集成制造系统-CIMS, 2002 (12): 950-953.

[216] 杨婷婷. 基于活动理论的移动学习活动设计研究 [D]. 济南: 山东师范大学, 2013.

[217] 姚宁. 基于情境感知的数字图书馆个人学习空间构建研究 [J]. 图书馆学刊, 2016, 38 (10): 122-125.

[218] 叶俊民, 黄朋威, 罗达雄, 等. 一种基于 HIN 的学习资源推荐算法研究 [J]. 小型微型计算机系统, 2019, 40 (4): 726-732.

[219] 叶莎莎. 基于情境感知的移动图书馆服务研究 [M]. 上海: 上海世界图书出版公司, 2015.

[220] 叶腾, 韩丽川, 邢春晓. 基于复杂网络的虚拟社区创新知识传播机制研究 [J]. 数据分析与知识发现, 2016, 32 (7-8): 70-77.

[221] 于晓龙. 基于计划行为理论的出行方式选择研究 [D]. 淄博: 山东理工大学, 2015.

[222] 余敏, 丁照蕾. 图书馆知识转移的情境构建 [J]. 情报杂志, 2008 (11): 137-140.

[223] 余平, 管珏琪, 徐显龙, 等. 情境信息及其在智慧学习资源推荐中的应用研究 [J]. 电化教育研究, 2016, 37 (2): 54-61.

[224] 余天豪. 基于社会网络的主动信息推送算法研究 [D]. 杭州: 杭州师范大学, 2012.

[225] 袁磊, 张艳丽, 罗刚. 5G 时代的教育场景要素变革与应对之策 [J]. 远程教育杂志, 2019, 37 (3): 27-37.

[226] 张宸瑞. 教师网络研修社区中知识共享影响因素研究 [D]. 兰州：西北师范大学，2016.

[227] 张芳. 基于活动理论的移动设备情境感知信息推荐服务模型及应用研究 [D]. 杭州：浙江工业大学，2017.

[228] 张广斌. 情境与情境理解方式研究：多学科视角 [J]. 山东师范大学学报（人文社会科学版），2008，（5）：50-55.

[229] 张国华，雷雳. 基于技术接受模型的青少年网络游戏成瘾机制研究 [J]. 心理发展与教育，2015，31（4）：437-444.

[230] 张海涛，宋拓，刘健. 高校图书馆一站式知识服务模式研究 [J]. 情报科学，2014，32（6）：104-108.

[231] 张浩，洪琼，赵钢，等. 基于云服务的物流园区服务资源共享与配置模式研究 [J]. 计算机应用研究，2014，31（2）：476-479.

[232] 张琨. 情境感知的自然语言语义表示方法研究 [D]. 合肥：中国科学技术大学，2019.

[233] 张立臣，王小明，窦文阳. 基于扩展 Petri 网的 ECA 规则集表示及终止性分析 [J]. 通信学报，2013，34（3）：157-164.

[234] 张莉. 活动理论框架下的合作式信息素质教育活动系统研究 [J]. 图书情报工作，2013，57（18）：73-79.

[235] 张猛. 基于领域本体的个性化旅游推荐系统的研究与实现 [D]. 重庆：重庆大学，2015.

[236] 张若兰. 基于用户画像的智慧图书馆情景化知识推荐服务研究 [J]. 图书馆学刊，2019，41（11）：123-126.

[237] 张帅，郭顺利. 基于情境感知的高校移动图书馆个性化推荐模型研究 [J]. 情报探索，2014，（10）：6-11.

[238] 张维国. 面向知识推荐服务的选课决策 [J]. 计算机科学，2019，46（1）：507-510.

[239] 张晓东. 新媒体时代的知识传播要素及其模式研究 [J]. 华中师范大学研究生学报，2013，20（4）：106-111.

[240] 张晓林. 走向知识服务 [M]. 成都：四川大学出版社，2001.

[241] 张新香. 情境感知和兴趣适应的农业信息推荐模型 [J]. 计算机应用研究，2016，33（5）：1315-1318.

[242] 张艺. 知识与知识传播 [J]. 现代哲学，2001（3）：41-44.

[243] 赵建波. 基于知识情境的知识推送技术研究 [D]. 南昌：南昌大学，2015.

[244] 赵武生，田金超，申连洋，等. 自适应过滤算法在基于社区 E-learning 的个性

化知识服务系统中的研究 [J]. 清华大学学报（自然科学版），2007（2）：1910 - 1913.

[245] 郑文文，张楠. 基于知识网格的知识服务系统构建研究 [J]. 内蒙古科技与经济，2010（10）：64 - 65.

[246] 种大双. 基于云计算的知识服务推荐系统研究 [D]. 新乡：河南师范大学，2013.

[247] 周碧云. 移动互联网环境下中职教师知识分享影响因素及促进策略研究 [D]. 杭州：浙江工业大学，2019.

[248] 周承聪，桂学文，武庆圆. 信息人与信息生态因子的相互作用规律 [J]. 图书情报工作，2009，53（18）：9 - 65.

[249] 周丽. 大数据与互联网背景下图书馆知识传播服务链的重构 [J]. 农业图书情报刊，2018，30（5）：190 - 193.

[250] 周莉，潘旭伟，谢玉开. 情境感知的电子商务个性化商品信息服务 [J]. 图书情报工作，2011，55（10）：130 - 134.

[251] 周亮，黄志球，倪川. 基于 SWRL 规则的本体推理研究 [J]. 计算机技术与发展，2015，25（10）：67 - 70.

[252] 周玲元. 公共文化场馆情境感知服务及应用研究——以图书馆为例 [M]. 北京：经济科学出版社，2018.

[253] 周玲元. 图书馆情境感知服务模型及应用研究 [D]. 南昌：南昌大学，2015.

[254] 周明建，廖强. 基于属性相似度的知识推送 [J]. 计算机工程与应用，2011，47（32）：135 - 137.

[255] 周明建，赵建波，李腾. 基于情境相似的知识个性化推荐系统研究 [J]. 计算机工程与科学，2016，38（3）：569 - 576.

[256] 周瑞，罗磊，李志强，等. 一种基于智能手机传感器的行人室内定位算法 [J]. 计算机工程，2016，42（11）：22 - 26.

[257] 祝浩. 基于规则推理的旅游景点推荐系统的研究与实现 [D]. 北京：华北电力大学，2018.

[258] Abowd G D, Dey A K, Brown P J, et al. Towards a better understanding of context and context-awareness [C]. International symposium on handheld and ubiquitous computing, Berlin, 1999, 304 - 307.

[259] Adomavicius G, Tuzhilin A. Multidimensional recommender system: A data ware housing approach [C]. Proceedings of the 2th International Workshop on Electronic Commerce, 2001, Berlin: 180 - 192.

[260] Ahn H J, Lee H J, Cho K, et al. Utilizing knowledge context in virtual collabora-

tive work [J]. Decision Support Systems, 2005, 39 (4): 563 – 582.

[261] Aiken A, Hellerstein J M, Widom J. Static analysis techniques for predicting the behavior of active database rules [J]. ACM Transactions on Database Systems (TODS), 1995, 20 (1): 3 – 41.

[262] Ajzen I. Perceived behavioral control self-efficacy, locus of control, and the theory of planned behavior [J]. Journal of Applied Social Psychology, 2006, 32 (4): 665 – 683.

[263] Ajzen I. The theory of planned behavior [J]. Organizational Behavior and Human Decision Processes, 1991, 50 (2): 179 – 211.

[264] Albors-Garrigos, José, Hidalgo A, Hervas-Oliver, José Luis. The role of knowledge-intensive service activities (KISA) in basic agro-food processes innovation: The case of orange packers in Eastern Spain [J]. Asian Journal of Technology Innovation, 2009, 17 (1).

[265] Ali W, Shao J, Khan Abdullah A, Tumrani S. Context-Aware Recommender Systems: Challenges and Opportunities [J]. Journal of University of Electronic Science and Technology of China, 2019, 48 (5): 655 – 673.

[266] Alves M B. Damásio C V, Correia N. SPARQL commands in Jena rules [C]. International Conference on Knowledge Engineering and the Semantic Web, 2015, Cham: 253 – 262.

[267] Amailef K, Lu J. Ontology-supported case-based reasoning approach for intelligent m-Government emergency response services [J]. Decision Support Systems, 2013, 55 (1): 79 – 97.

[268] Anind K, Gregory D. Towards a Better Understanding of Context and Context-Awareness [J]. Pervasive Computing, 2005.

[269] Anind K. Dey. Understanding and Using Context [J]. Personal & Ubiquitous Computing, 2001, 5 (1): 4 – 7.

[270] Anind K. Providing architectural support for building context-aware applications [D]. Atlanta: Georgia Institute of Technology, 2000.

[271] Arnaboldi V, Conti M, Delmastro F. CAMEO: A novel context-aware middleware for opportunistic mobile social networks [J]. Pervasive and Mobile Computing, 2014, 11: 148 – 167.

[272] Bandura A. Social learning theory [J]. Prentice Hall, 1977, 92 (3): 459 – 467.

[273] Bardram J E. Activity-based computing for medical work in hospitals [J]. ACM Transactions on Computer-Human Interaction (TOCHI), 2009, 16 (2): 1 – 36.

[274] Beer W, Christian V, Ferscha A, et al. Modeling Context-Aware Behavior by Interpreted ECA Rules [C]. International Euro-par Parallel Processing Conference, Klagenfurt,

Klagenfurt: 2003, 1064 – 1073.

[275] Berners-Lee T, Hendler J, Lassila O. The semantic web [J]. Scientific American, 2001, 284 (5): 34 – 43.

[276] Bernstein I H. Psychometric Theory [J]. American Educational Research Journal, 1994, 5 (3): 83 – 88.

[277] Bettini C, Brdiczka O, Henricksen K, et al. A survey of context modelling and reasoning techniques [J]. Pervasive and Mobile Computing, 2010, 6 (2): 161 – 180.

[278] Bikakis A, Patkos T, Antoniou G, et al. A Survey of Semantics-Based Approaches for Context Reasoning in Ambient Intelligence [C]. Ambient Intelligence 2007 Workshops, 2008, Berlin: 14 – 23.

[279] Bostan-Korpeoglu B, Yazici A. A fuzzy Petri net model for intelligent databases [J]. Data & Knowledge Engineering, 2007, 62 (2): 219 – 247.

[280] Burke L A, Moore J E. The reverberating effects of job rotation [J]. Human Resource Management Review, 2000, 10 (12): 127 – 152.

[281] Cacciagrano D R, Corradini F, Culmone R, et al. Analysis and verification of ECA rules in intelligent environments [J]. Journal of Ambient Intelligence and Smart Environments, 2018, 10 (3): 261 – 273.

[282] Chakravarthy S, Krishnaprasad V, Anwar E, et al. Composite Events for Active Databases: Semantics, Contexts and Detection [C]. International Conference on Very Large Data Bases, Santiago de Chile: 1994, 606 – 617.

[283] Champiri Z D, Shahamiri S R, Salim S S B. A systematic review of scholar context-aware recommender systems [J]. Expert Systems with Applications: An International Journal, 2015.

[284] Chen C J, Hung S W. To give or to receive? Factors influencing members' knowledge sharing and community promotion in professional virtual communities [J]. Information & Management, 2010, 47 (4): 226 – 236.

[285] Chen G, Jiang T, Wang M, et al. Modeling and reasoning of IoT architecture in semantic ontology dimension [J]. Computer Communications, 2020, 153: 580 – 594.

[286] Chen H, Luo X. An automatic literature knowledge graph and reasoning network modeling framework based on ontology and natural language processing [J]. Advanced Engineering Informatics, 2019, 42: 959 – 976.

[287] Chen Y J, Chen Y M, Wu M S. An empirical knowledge management framework for professional virtual community in knowledge-intensive service industries [J]. Expert Systems with Applications, 2012, 39 (18): 13135 – 13147.

［288］Cheng X, Yang J, Xia L. A service-oriented context-awareness reasoning frame-work and its implementation ［J］. The Electronic Library, 2018, 36 (6): 1114－1134.

［289］Cheng Yan. The learning path recommendation method based on group intelligence in online learning ［J］. Journal of Systems & Management, 2011, 20 (2): 232－237.

［290］Chiang H S, Huang T C. User-adapted travel planning system for personalized schedule recommendation ［J］. Information Fusion, 2015, 21: 3－17.

［291］Chu C P, Chang Y C, Tsai C C. PC2PSO: personalized e-course composition based on Particle Swarm Optimization ［J］. Applied Intelligence, 2011, 34 (1): 141－154.

［292］Couchot A. Termination analysis of active rules with priorities ［C］. International Conference on Database and Expert Systems Applications, Berlin: 2003, 846－855.

［293］Cutler, R. S. A comparison of Japanese and US high-technology transfer practices ［J］. IEEE Transactions on Engineering Management, 1989, 36 (1): 17－24.

［294］Davenport T, Prusak. Working knowledge: How Organizations Manage What They Know ［M］. Boston: Harvard Business school Press, 1998.

［295］De Pessemier T, Dooms S, Martens L. Context-aware recommendations through context and activity recognition in a mobile environment ［J］. Multimedia Tools and Applications, 2014, 72 (3): 2925－2948.

［296］Dey A K, Abowd G D. Towards a better understanding of context and context awareness ［J］. GVU Technical Report GIT-GVU－99－22, GVU Center, College of Computing Georgia Institude of Technology, 1999: 304－307.

［297］Dey A K, Abowd Q D, Saltier D. A conceptual framework and a toolkit for supporting the rapid prototyping of context-aware applications ［J］. Human-Computer Interaction, 2001, 16 (2): 97－166.

［298］Dheeban S G, Deepak V, Dhamodharan L, et al. Improved personalized e-course composition approach using modified particle swarm optimization with inertia-coefficient ［J］. International Journal of Computer Applications, 2010, 1 (6): 102－107.

［299］Do P, Nguyen H, Nguyen V T, et al. A context-aware recommendation framework in e-learning environment ［C］. International Conference on Future Data and Security Engineering. Springer, Cham, 2015: 272－284.

［300］Dourish P. What we talk about when we talk about context ［J］. Personal and ubiquitous computing, 2004, 8 (1): 19－30.

［301］Edvardsson J, Kamkar M. Analysis of the Constraint Solver in UNA Based Test Data Generation ［J］. ACM SIGSOFT Software Engineering Notes, 2002, 26 (5): 237－245.

［302］Emmanouilidis C, Koutsiamanis R A, Tasidou A. Mobile guides: Taxonomy of architectures, context awareness, technologies and applications [J]. Journal of network and computer applications, 2013, 36 (1): 103 – 125.

[303] Engestrom Y. Commimication, discourse and activity [J]. He Communication Review, 1999, 53 (1): 165 – 185.

[304] Engestrom Y. Expansive learning at work: toward an activity theoretical reconceptualization [J]. Journal of Education and Work, 2001, 14 (1): 133 – 156.

[305] Engestrom Y. Voice as communicative action [J]. Mind, Culture and Activity, 1995, 2 (3): 192 – 215.

[306] Eriksson H. The JESSTAB approach to Protégé and JESS integration [C]. International Conference on Intelligent Information Processing, Boston, 2002: 237 – 248.

[307] Fermoso A, Mateos M, Beato M E, et al. Open linked data and mobile devices as e-tourism tools [J]. A practical approach to collaborative e-learning. Computers in Human Behavior, 2015, 51: 618 – 626.

[308] Gagne M G. A model of knowledge-sharing motivation [J]. Human Resource Management, 2009, 48 (4): 571 – 558.

[309] Gao Q, Dong X. A Context-awareness Based Dynamic Personalized Hierarchical Ontology Modeling Approach [J]. Procedia Computer Science, 2016, 94: 380 – 385.

[310] George G, Lal A M. Review of ontology-based recommender systems in e-learning [J]. Computers & Education, 2019, 142: 57 – 75.

[311] Glimm B, Horrocks I, Motik B, et al. HermiT: an OWL 2 reasoner [J]. Journal of Automated Reasoning, 2014, 53 (3): 245 – 269.

[312] Graeme C., Maire K. Human resource management and knowledge management: enhancing knowledge sharing in a pharmaceutical company [J]. International Journal of Human Resource Management, 2003, 14 (6): 1027 – 1045.

[313] Gruber T R. Toward principles for the design of ontologies used for knowledge sharing? [J]. International journal of human-computer studies, 1995, 43 (5): 907 – 928.

[314] Grudin J. Desituating action: Digital representation of context [J]. Human-Computer Interaction, 2001, 16 (2 – 4): 269 – 286.

[315] Haghighi P D, Burstein F, Zaslavsky A, et al. Development and evaluation of ontology for intelligent decision support in medical emergency management for mass gatherings [J]. Decision Support Systems, 2013, 54 (2): 1192 – 1204.

[316] Hakkarainen P. Challenges of activity theory [J]. Journal of Russian & East European Psychology, 2004, 42 (2): 3 – 11.

[317] Hanson, Eric N. Rule condition testing and action execution in Ariel [J]. ACM

SIGMOD Record, 1992, 21 (2): 49 – 58.

[318] Harter A, Hopper A. A new location technique for the active office [J]. IEEE Personal Communications, 1997: 43 – 47.

[319] Hendriks P. Why Share Knowledge? The Influence of ICT on the Motivation for Knowledge Sharing [J]. Knowledge & Process Management, 1999, 6 (2): 91 – 100.

[320] Henricksen K, Indulska J, Rakotonirainy A. Modeling context information in pervasive computing systems [J]. Pervasive Compiting, 2002, 2414 (3): 167 – 180.

[321] Hipp C. Knowledge-intensive business services in the new mode of knowledge production [J]. AI & Society, 1999, (13): 88 – 106.

[322] Hofer T, Schwinger W, Pichler M, et al. Context-Awareness on Mobile Devices-the Hydrogen Approach [C]. Hawaii International Conference on System Sciences. Hawaii: 2003, 292.

[323] Hong J, Hwang W S, Kim J H, et al. Context-aware music recommendation in mobile smart devices [C]. Proceedings of the 29th annual ACM symposium on applied computing, New York, 2014: 1463 – 1468.

[324] Hong J, Suh E H, Kim J, et al. Context-aware system for proactive personalized service based on context history [J]. Expert Systems with Applications, 2009, 36 (4): 7448 – 7457.

[325] Horridge M, Jupp S, Moulton G, et al. A practical guide to building owl ontologies using protégé 4 and co-ode tools edition1 [J]. The university of Manchester, 2009, 1: 9 – 33.

[326] Huang H C, Chang S S, Lou S J. Preliminary Investigation on Recreation and Leisure Knowledge Sharing by LINE [J]. Procedia-Social and Behavioral Sciences, 2015, 174 (3): 3072 – 3080.

[327] Huang T, Li W, Yang C. Comparison of Ontology Reasoners: Racer, Pellet, Fact [C]. AGU Fall Meeting Abstracts, San Francisco, 2008: 1 – 4.

[328] Ismail R, Rahman N A, Bakar Z A. Ontology Learning Framework for Quran [J]. Advanced Science Letters, 2017, 5: 1 – 5.

[329] Jarvenpaa S, Staples D. The use of collaborative electronic media for information sharing: an exploratory study of determinants [J]. Journal of Strategic Information Systems, 2000, 9 (2): 129 – 154.

[330] Jeffrey L C, Bing S T. Transferring R&D Knowledge: the Key Factors Affedting Knowledge Transfer Success [J]. Journal of Engineering and Technology Management, 2003, (20): 39 – 68.

[331] Jin X, Lembachar Y, Ciardo G. Symbolic verification of ECA rules [J]. PNSE +

ModPE, 2013, 989: 41 – 59.

[332] Johns G. The essential impact of context on organizational behavior [J]. Academy of management review, 2006, 31 (2): 386 – 408.

[333] Jonassen D H, Murphy L R. Activity Theory as a Framework for Designing Constructivist Learning Environment [J]. Educational Technology, Research and Development, 1999, 47 (1): 61 – 80.

[334] Judit Hernández Sánchez, Yolanda Hernández Sánchez, Daniel Collado-Ruiz, et al. Knowledge Creating and Sharing Corporate Culture Framework [J]. Procedia-Social and Behavioral Sciences, 2013, 74: 388 – 397.

[335] Kang Y B, Krishnaswamy S, Sawangphol W, et al. Understanding and improving ontology reasoning efficiency through learning and ranking [J]. Information Systems, 2020 (87): 40 – 46.

[336] Kankanhalli A, Tan B C Y, Wei K K. Contributing Knowledge to Electronic Knowledge Repositories: An Empirical Investigation [J]. MIS Quarterly, 2005, 29 (1): 113 – 143.

[337] Karasavvidis I. Activity Theory as a conceptual framework for understanding teacher approaches to Information and Communication Technologies [J]. Computers and Education, 2009, 53 (2): 436 – 444.

[338] Katharina S, Kathrin P, Daniel B. OnTour [EB/OL]. http://etourism. deri. at/ ont/index. Html/ [2019 – 12 – 27].

[339] Katis E, Kondylakis H, Agathangelos G, et al. Developing an Ontology for Curriculum & Syllabus [C]. European Semantic Web Conference, Springer: 2018, 1 – 4.

[340] Kennedy J, Eberhart R C. A discrete binary version of the particle swarm algorithm [C]. 1997 IEEE International conference on systems, man, and cybernetics. Computational cybernetics and simulation, Orlando, 1997: 4104 – 4108.

[341] Khalid H, Fathalla M A, Pantea F, et al. Knowledge sharing by entrepreneurs in a virtual community of practice (VCoP) [J]. Information Technology & People, 2019, 32 (2): 405 – 429.

[342] Khanli L M, Analoui M. An approach to grid resource selection and fault management based on ECA rules [J]. Future Generation Computer Systems, 2008, 24 (4): 296 – 316.

[343] Kim E, Choi J, 2008. A context management system for supporting context-aware applications [C]. 2008 IEEE/IFIP International Conference on Embedded and Ubiquitous Computing, Shanghai: 577 – 582.

[344] Kim J, Lee C, Elias T. Factors affecting information sharing in social networking

sites amongst university students [J]. Online Information Review, 2015, 39 (3): 290 – 309.

[345] Krause A, Smailagic A, Siewiorek D P. Context-aware mobile computing: Learning context-dependent personal preferences from a wearable sensor array [J]. IEEE Transactions on Mobile Computing, 2005, 5 (2): 113 – 127.

[346] Krummenacher R, Lausen H, Strang T, et al. An alyzing the modeling of context with ontologies [C]. Workshop Proceedings of the 1st International Workshop on Context-Awareness for Self-Managing Systems, Toronto: 2007, 11 – 22.

[347] Kuusisto J, Viljamaa A. Knowledge-intensive business services and coproduction of knowledge-the role of public sector [J]. Frontiers of E-business Research, 2004, (1): 282 – 298.

[348] Lee H, Park H, Kim J. Why do people share their context information on Social Network Services? A qualitative study and an experimental study on users'behavior of balancing perceived benefit and risk [J]. International journal of human-computer studies, 2013, 71 (9): 862 – 877.

[349] Lee M C. Knowledge-Based New Product Development through Knowledge Transfer and Knowledge Innovation [J]. Innovation through Knowledge Transfer, 2010, 5 (1): 303 – 320.

[350] Lee W P, Chen C T, Huang J Y, et al. A smartphone-based activity-aware system for music streaming recommendation [J]. Knowledge-Based Systems, 2017, 131: 70 – 82.

[351] Lee W P, Lee K H. Making smartphone approach [J]. Information service recommendations by predicting users intentions: A context-aware Sciences, 2014, 277: 21 – 35.

[352] Lefter V, Bratianu C, Agapie A, et al. Intergenerational Knowledge Transfer in the Academic Environment of Knowledge-based Economy. Amfiteatru Economic, 2011, 13 (30): 392 – 403.

[353] Lemlouma T, Layaida N, 2004. Context-aware adaptation for mobile devices [C]. IEEE International Conference on Mobile Data Management, Berkeley: 106 – 111.

[354] Leontiev A N. Problems of the development of the mind [M]. Moscow: Progress, 1981.

[355] Li G, Lu H. Visual Knowledge Recommendation Service Based on Intelligent Topic Map [J]. Information Technology Journal, 2010, 9 (6): 1158 – 1164.

[356] Li Z, Brian D, Catherine E. Sharing Knowledge in Social Q&A Sites: The Unintended Consequences of Extrinsic Motivation [J]. journal of management information systems,

2016, 33 (1): 70 – 100.

[357] Liana R, Kathrin K, Pia N. What factors influence knowledge sharing in organizations? A social dilemma perspective of social media communication [J]. Journal of Knowledge Management, 2016, 20 (6): 1225 – 1246.

[358] Liao Z, Zheng W. Using a heuristic algorithm to design a personalized day tour route in a time-dependent stochastic environment [J]. Tourism Management, 2018, 68: 284 – 300.

[359] Liew L, Chern. Towards dynamic and evolving digital libraries [J]. The Electronic Library, 2014, 32 (1): 2 – 16.

[360] Lin C F, Yeh Y C, Hung Y H, et al. Data mining for providing a personalized learning path in creativity: An application of decision trees [J]. Computers & education, 2013, 68 (10): 199 – 210.

[361] Lin H F. Knowledge Sharing and Firm Innovation Capability: An Empirical Study [J]. International Journal of Manpower, 2007, 28 (4): 315 – 332.

[362] M. McLuhan. Understanding Media: The Extensions of Man [M]. New York: McGraw-Hill, 1966.

[363] Magnuson, Marta L. Web 2.0 and Information Literacy Instruction: Aligning Technology with ACRL Standards [J]. The Journal of Academic Librarianship, 2013, 39 (3): 244 – 251.

[364] May W, Alferes J J, Amador R. An ontology-and resources-based approach to evolution and reactivity in the semantic web [C]. OTM Confederated International Conferences, Berlin: 2005, 1553 – 1570.

[365] McCarthy J. Notes on formalizing contexts [C]. Proceedings of the 13th International Joint Conference on Artificial Intelligence, 1993, Beijing: 555 – 560.

[366] Mccarthy J. Artificial Intelligence, Logic And Formalizing Common Sense [J]. Philosophical Logic and Artificial Intelligence, 1989: 161 – 190.

[367] Medina-Marín J, Pérez-Lechuga GLi X. ECA rule analysis in a distributed active database [C]. International Conference on Computer Technology and Development, Malaysia: 2009, 113 – 116.

[368] Mendes P, Prehofer C, Wei Q. Context management with programmable mobile networks [C]. 14th International Conference on Ion Implantation Technology Proceedings, California, 2003, 217 – 223.

[369] Miles I, Kastrinos N. Knowledge-intensive business services: users, carriers and sources of innovation [J]. Second National Knowledge Infrastructure Setp, 1998, 44 (4):

100 – 128.

［370］Mirjalili S, Lewis A. S-shaped versus V-shaped transfer functions for binary particle swarm optimization ［J］. Swarm and Evolutionary Computation, 2013, 9: 1 – 14.

［371］Mishra J, Allen D, Pearman A. Information seeking, use and decision making ［J］. Journal of the Association for Information Science and Technology, 2015, 66（4）: 662 – 673.

［372］Moe N B, Faegri, T E, et al. Enabling knowledge sharing in agile virtual teams ［C］. 11th IEEE International Conference on Global Software Engineering（ICGSE）, 2016, Irvine: 29 – 33.

［373］Moguillansky M O, Simari G R. A generalized abstract argumentation framework for inconsistency – tolerant ontology reasoning ［J］. Expert Systems with Applications, 2016, 64: 141 – 168.

［374］Mondeca. Mondeca Tourism Ontology ［EB/OL］. http: //www. mondeca. com/ ［2019 – 12 – 27］.

［375］Moreno A, Valls A, Isern D, et al. SigTur/E-destination: Ontology-based Personalized Recommendation of Tourism and Leisure Activities ［J］. Engineering Applications of Artificial Intelligence, 2013, 26（1）: 633 – 651.

［376］Muñoz M A, Rodríguez M, Favela J, et al. Context-aware mobile communication in hospitals ［J］. Computer, 2003, 36（9）: 38 – 46.

［377］Nalepa G J, Bobek S. Rule-based solution for context-aware reasoning on mobile devices ［J］. Computer Science and Information Systems, 2014, 11（1）: 171 – 193.

［378］Noh Y. Imagining library 4. 0: Creating a model for future libraries ［J］. The Journal of Academic Librarianship, 2015, 41（6）: 786 – 797.

［379］Nunes M. What Space is Cyberspace? The Internet and virtuality ［M］. In D. Holmes Ed. , Virtual points. London, UK, 1997.

［380］Ono C, Kurokawa M, Motomura Y, et al. A context – aware movie preference model using a Bayesian network for recommendation and promotion ［C］. International Conference on User Modeling, Heidelberg, 2007: 247 – 257.

［381］Open Travel Alliance. OTA Specification ［EB/OL］. http: //opentravelmodel. net/pubs/specifications/Specifications20. Html/ ［2019 – 12 – 27］.

［382］Öztürk P, Aamodt A. Towards a model of context for case-based diagnostic problem solving ［J］. In proceedings of the Interdisciplinary Conference on Modeling and Using Context, 1997: 198 – 208.

［383］Papadopoulos, Thanos, Stamati, et al. Exploring the determinants of knowledge sharing via employee weblogs [J]. International Journal of Information Management, 2013, 33 (1): 133 – 146.

[384] Perumal T, Sulaiman M N, Leong C Y. ECA-based interoperability framework for intelligent building [J]. Automation in Construction, 2013, 31: 274 – 280.

[385] Pu H, Lin J, Song Y, et al. Adaptive device context based mobile learning systems [J]. International Journal of Distance Education Technologies (IJDET), 2011, 9 (1): 44 – 56.

[386] Raza S, Ding C. Progress in context-aware recommender systems—An overview [J]. Computer Science Review, 2019, 31: 84 – 97.

[387] Roy A, Das S K, Basu K. A predictive framework for location-aware resource management in smart homes [J]. IEEE Transactions on mobile computing, 2007, (11): 1270 – 1283.

[388] Schilit B N, Adams N, Want R. Context-aware computing applications [J]. In Proceedings of the 1st International Workshop on Computing Systems and Applications, 1994: 85 – 90.

[389] Schilit B, Theimer M. Disseminating active map information to mobile hosts [J]. IEEE Network, 1994, 8 (5): 22 – 32.

[390] Schmidt A, Van Laerhoven K. How to build smart appliances? [J]. IEEE Personal Communications, 2001, 8 (4): 66 – 71.

[391] Sedigheh M, Manal S, Tanuosha Pa, et al. The impact of perceived enjoyment, perceived reciprocal benefits and knowledge power on students' knowledge sharing through Facebook [J]. International Journal of Management Education, 2017, 15 (1): 1 – 12.

[392] Senge P. Sharing Knowledge [J]. Executive Excellence, 1998, 15 (6): 11 – 12.

[393] Shang S C, Wu Y L, Li E Y. Field Effects of Social Media Platforms on Information-Sharing Continuance: Do Reach and Richness Matter? [J]. Information & Management, 2017, 6 (8): 241 – 255.

[394] Shen J G, Liu S F. A Knowledge Recommend System Based on User Model [J]. International Journal of Digital Content Technology and its Applications, 2010, 4 (9): 168 – 173.

[395] Simon E, Dittrich A K. Promises and Realities of Active Database Systems [C]. Proceedings of 21th International Conference on Very Large Data Bases, Zurich: 1995: 642 – 653.

[396] Spasser M A. Informing information science: The case for activity theory [J]. Journal of the American Society for Information Science & Technology, 1999, 50 (12):

1136 – 1138.

[397] Staunstrup J, Hansen J P, Glenstrup A J, et al. , 2009. Services in Context [J]. Computer Systems & Applications, 1994, (6): 59 – 62.

[398] Takatsuka H, Saiki S, Matsumoto S, et al. A rule – based framework for managing context-aware services based on heterogeneous and distributed Web services [C]. 15th IEEE ACIS International Conference on Software Engineering, Artificial Intelligence, Las Vegas: 2014, 1 – 6.

[399] Tian Ze, Huang Rongrong. On the Mechanism of Knowledge Transfer and Innovation in Knowledge Alliance-Based on Knowledge Transfer ACAAA Model. Statistic Application in Scientific and Social Reformation, 2010.

[400] Tiko I, Irja S. The use of activity theory to guide information systems research [J]. Education and Information Technologies, 2018, 24 (1): 165 – 180.

[401] Tsai C M. Integrating intra – firm and inter-firm knowledge diffusion into the knowledge diffusion model [J]. Expert Systems With Applications, 2008, 34 (2): 1423 – 1433.

[402] Uden L. Activity theory for designing mobile learning [J]. International Journal of Mobile Learning and Organisation, 2007, 1 (1): 81 – 104.

[403] Unger M, Bar A, Shapira B, et al. Towards latent context-aware recommendation systems [J]. Knowledge – Based Systems, 2016, 104: 165 – 178.

[404] Uschold M, King M, Moralee S, et al. The Enterprise Ontology [J]. The Knowledge Engineering Review, 1998, 13 (1): 31 – 89.

[405] Valliyammai C, Thendral S E. Ontology Matched Cross Domain Personalized Recommendation of Tourist Attractions [J]. Wireless Personal Communications, 2019, 107 (1): 589 – 602.

[406] Vanden H, Bde Ridder J A. Knowledge sharing in context: The influence of organizational commitment, communication climate and CMC use on knowledge sharing [J]. Journal of Knowledge Management, 2004, 8 (6): 117 – 130.

[407] Venkatesh V, Morris M G, Davis G B, et al. User Acceptance of Information Technology: Toward A Unified View [J]. Mis Quarterly Management Information Systems, 2003, 27 (3): 425 – 478.

[408] W Schramm. "How Communication Works. " In W. Schramm (ed.) Process and Effects of Mass Communication [M]. Urbana: University of Illinois Press, 1954.

[409] Wang C Y, Xu S H. Research on Learning Context Construction of Mobile Device UI Designing in Engineering Environment [C]. Trans Tech Publications Ltd, Switerland, 2014, 1106 – 1109.

[410] Wang P, Tong T W, Koh C P. An integrated model of knowledge transfer from MNC parent to China subsidiary [J]. Journal of World Business, 2004, 39 (2): 168 – 182.

[411] Wang P, Jiang L. Task-role-based access control model in smart health-care system [C]. MATEC Web of Conferences, Xiamen: 2015, 10 – 11.

[412] Wang X H, Zhang D Q, Gu T, et al. Ontology Based Context Modeling and Reasoning using OWL [C]. Proceedings of the second IEEE annual conference on pervasive computing and communications workshops, Washington DC: 2004, 18 – 22.

[413] Wang Z X, Jiang X, Dong Q C, et al. ECA rule modeling language based on UML [C]. 2012 IEEE International Conference on Computer Science and Automation Engineering (CSAE), Zhangjiajie: 2012, 623 – 628.

[414] Wei S, Ye N, Zhang S, et al. Item-Based Collaborative Filtering Recommendation Algorithm Combining Item Category with Interestingness Measure [C]. International Conference on Computer Science & Service System, Nanjing: 2012, 2038 – 2041.

[415] Wells G. The role of dialogue in activity theory [J]. Mind, Culture and Activity, 2002, 9 (1): 43 – 66.

[416] Wilson T D. A re-examination of information seeking behavior in the context of Activity Theory [J]. Information Research, 2006, 11 (4): 1 – 18.

[417] Wilson T D. Activity Theory and Information Seeking [J]. Annual Review of Information Science and Technology, 2008, 42 (1): 119 – 161.

[418] Wolfgang B V C. Modeling Context-aware Behavior by Interpreted ECA Rules [C]. Parallel Processing, 9th International Euro-Par Conference, Klagenfurt: 2003, 1064 – 1073.

[419] Xiongying Li, Yingchao ren, Sheng Wu, et al. Exception Recovery Strategy for GIS Service Chain Based on ECA Rules [J]. Computer Engineering and Design. , 2016, 37 (2): 396 – 400.

[420] Xu Z, Chen L, Chen G. Topic based context-aware travel recommendation method exploiting geotagged photos [J]. Neurocomputing, 2015, 155: 99 – 107.

[421] Yao W, He J, Huang G, et al. A graph-based model for context-aware recommendation using implicit feedback data [J]. World wide web, 2015, 18 (5): 1351 – 1371.

[422] Yap G E, Tan A H, Pang H H, . Discovering and exploiting causal dependencies for robustmobile context-aware recommenders [J]. IEEE Transactions on Knowledge Data Engineering, 2007, 19 (7): 977 – 992.

[423] Yi W, Yan L, Liu Y, et al. An Ontology-based Web Information Extraction Approach [C]. Proceedings of the 2nd International Conference on Future, Washington, 2010: 132 – 136.

[424] Yongchao L, Junmin L. Research on reasoning on ontology in semantic web [J]. Computer Technology and Development, 2007, 17 (1): 101 – 103.

[425] Yunis A A, Mohammad N A, Norasnita Ahmad, et al. Social media for knowledge-sharing: A systematic literature review [J]. Telematics and Informatics, 2019, 37: 72 – 112.

[426] Zhang Y, Chen J, Cheng B, et al. Using ECA rules to manage web service composition for multimedia conference system [C]. IEEE International Conference on Broadband Network&Multimedia Technology, Beijing: 2009, 545 – 549.

[427] Zheng W, Liao Z, Qin J. Using a four-step heuristic algorithm to design personalized day tour route within a tourist attraction [J]. Tourism Management, 2017, 62: 335 – 349.

[428] Zhou T. Understanding online community user participation: a social influence perspective [J]. Internet Research, 2011, 21 (1): 67 – 81.

[429] Zurita G, Nussbaum M. Computer supported collaborative learning using wirelessly interconnected handheld computers [J]. Computers & Education, 2004, 42 (3): 289 – 314.